春捺钵与白酒起源

CHUNNABO YU BAIJIU QIYUAN

冯恩学　赵东海　著

吉林文史出版社

图书在版编目（CIP）数据

春捺钵与白酒起源 / 冯恩学 , 赵东海著 . -- 长春：
吉林文史出版社 , 2025. 5. -- ISBN 978-7-5752-1159-8

Ⅰ . TS262.3

中国国家版本馆 CIP 数据核字第 2025Y0B499 号

CHUNNABO　YU　BAIJIU　QIYUAN
春捺钵与白酒起源

出　版　人：张　强

著　　　者：冯恩学　赵东海

责任编辑：钟　杉　王　新　马铭烩

出版发行：吉林文史出版社

电　　　话：0431-81629357

地　　　址：长春市福祉大路5788号

邮　　　编：130117

印　　　刷：吉林省科普印刷有限公司

开　　　本：787mm×1092mm　1/16

印　　　张：12

字　　　数：240千字

版　　　次：2025年5月第1版

印　　　次：2025年5月第1次印刷

书　　　号：ISBN 978-7-5752-1159-8

定　　　价：118.00元

教育部人文社会科学百所重点研究基地

吉林大学边疆考古研究中心系列学术著作

序 言

本书是面向广大读者介绍辽金春捺钵的通俗著作，也是我从事春捺钵考古十几年的回顾与总结。

2013年，承蒙时任吉林省文物局局长金旭东的信任，我承担了研究春捺钵遗址的任务，我当时心里没有底能否完成这个任务。因为春捺钵遗址是季节性游牧射猎人群的遗址，存留下的遗迹和遗物稀少是天然特性，如何确定是春捺钵遗址没有可供鉴定的案例参考，完成任务的难度很高。中国社会科学院考古研究所傅乐焕先生撰写的《辽代四时捺钵考》是前贤经典之作，该文发表后又有很多历史与考古学者发表了有关辽代捺钵的研究论著。如何能突破以往的学术高度，开掘出春捺钵文化的新内涵，也是摆在我面前不容回避的问题。

经过野外考古工作确定春捺钵遗址时，我从心底佩服东北师范大学傅佳欣教授的慧眼识珠和学术勇气。"三普"调查时没有做过勘探，也没有试掘，就能一口咬定此地是春捺钵遗址，还起名字叫"春捺钵遗址群"。他解释说，这个遗址名称的好处是等其他春捺钵遗址发现后能再扩进来。他放下疑虑，积极推动申报"省保""国保"，为该遗址后来被列入国家大遗址名单奠定了基础。

花敖泡是多年前被列入哈达山水利工程引松花江水到通榆县城的一个中转蓄水库，二期工程蓄满水后水面提升8米，遗址台子最高处3米，差点儿被全部淹没。没有傅老师的坚持，没有金旭东局长的高度重视，抓住时机，快速推动"国保"，后鸣字区春捺钵遗址今日已经在水下不为人知了！没有这片特殊盆地环境的遗址样板，查干湖平地的台子遗址也就不能被学术界认可，辽代春捺钵的研究还只能在历史文献记载和地理考证的框架内打转转。我时常思索，学术应该严谨，师训"有十分把握说八分话"，当文物保护缺乏充足证据，面临"严谨"与"担当"的矛盾时，该如何取舍？

我接受任务后，向傅佳欣教授请教，在不能找到文字证据和皇家身份文物证据的前提下，如何能确定春捺钵遗址？他叮嘱我，帐篷拔走了，固定帐篷的橛子的洞眼还在，要努力找橛子的洞眼，找到洞眼就可以确定。每当我下工地时，"找洞眼"的念头就萦绕在脑海中。很遗憾，我始终没有完成这个艰巨的小小任务。

春捺钵遗址的考古方法是进驻工地之后，逐渐摸索出来的，也有一些失误。置身于圆形的盆地内，没有方向参照物，东南西北都无法确定，茫茫甸子上都是散星一样的土包。我一开始记不住调查过的土包，便将黄色三角旗插在发现重要迹象的土包上，可第二天还是找不到，旗消失了。抬望眼，看到羊倌把黄旗绑在摩托上自娱自乐地兜风，真是令人哭笑不得。在这里，我体会到牛对天气变化的感知要超过人。一日中午，队员张晓东留守工地，看到牛倌跟着牛群回家，问牛倌："这么早收工？"牛倌回答说："牛要回家，拢不住。"半小时后，电闪雷鸣，暴雨倾盆，四面地表径流奔向花敖泡，汇集入湖，很快湖底盆地就被流水覆盖，草看不见了，台子变成岛屿。东北的7月是雨季，这片曾驻扎几万人的营地不适合夏季使用，因为贵族官员住在台上，平地有士兵和服务人员居住。

发掘结束后，吉林省文物局设立"冰雪丝路"项目，我承担了辽金春捺钵之路城址的考古调查，在大安酿酒总厂博物馆设置工作站，做了两年的考古调查。2024年，我又承担了吉林省文物局的大安、松原沿江春捺钵遗址调查项目。通过系列考古调查，我基本摸清了春捺钵遗存的分布情况。

春捺钵是辽金两朝的特色政治制度和民族习俗的体现，春捺钵文化带给后世哪些影响？这也是我们常常思考的问题。辽代斫冰烧酒，金朝继承发扬，元代白酒遍神州，对我国文化习俗影响最大！这个课题的研究过程使我对"我们辽阔的疆域是各民族共同开拓的，我们悠久的历史是各民族共同书写的，我们灿烂的文化是各民族共同创造的，我们伟大的精神是各民族共同培育的"这句话有了具体的理解。

春捺钵和白酒起源的研究得到了吉林省文物局、吉林省文物考古研究所、乾安县政府和乾安县文物管理所、大安市孔令海先生、大安市博物馆、白城市博物馆、松原市博物馆以及其他师友的帮助，吉大多届研究生和留学生付出了辛勤汗水，在此特别表示感谢！

本书作者之一的赵东海参加了花敖泡、查干湖西岸、查干湖东北岸春捺钵遗址的发掘，主持了城四家子古城调查和行宫探察，带队进行了大安沿江湖的春捺钵调查、农安菠萝（波罗）湖沿岸春捺钵调查，还参加了吉林西部辽金城址调查，是我团队中参加春捺钵野外工作最多的队员，对资料最熟悉，这次有他协助整理资料，并撰写部分内容，完善草稿，才能将书稿按时交付出版社。

本书在吉林省文物考古研究所前所长安文荣的鼓励和催促下写作完成，时间匆忙，思考不周，仅为阶段性认识，研究还在继续。敬请读者批评斧正。

本书出版得到吉林大学考古学院出版经费支持，特此致谢！

冯恩学

2024年10月20日

目　录

第一章

契丹崛起与辽朝扩疆域

第一节 契丹来源与青牛白马传说

一、契丹族源来自鲜卑

《辽史》载契丹是汉代东胡族系东部鲜卑宇文部之后裔，传世史书的只言片语记载是否可靠？研究者只能期待考古领域有文字资料出土才能解答这一疑问，每次有辽代墓志、碑刻出土，都会被研究者仔细审查。

1992年7月，在赤峰市阿鲁科尔沁旗罕苏木苏木的"裂缝山"阳坡，有盗墓者探查发现一座大墓，进入主墓室盗掘。村民发现有盗墓迹象，立刻报警。内蒙古自治区文物考古研究所开始发掘，齐小光、盖之庸等人进入墓室后立刻被墓室的华丽程度所震惊。用琉璃砖修筑四壁的超级豪华大墓，金碧辉煌，在场的人从未见过，即便是庆陵皇陵也没有这样豪华的装修。墓葬虽然被盗掘，甬道内一方青石的墓志还完好地静卧着，似乎在等待考古队员的到来。据墓志记载，墓主是执掌东丹国的左相——皇族耶律羽之。在墓志铭文中追溯族源："羽之姓耶律氏，其先宗分佶首，派出石槐，历汉魏隋唐已来，世为君长。"[1]据铭文记述，契丹耶律氏始祖奇首可汗，是鲜卑大人檀石槐的后代，从而为契丹族源于东胡系鲜卑族提供了珍贵的文物依据。

吉林大学朱泓教授通过对赤峰市宁城县山嘴子辽代契丹族墓地人类学资料详细地测量、观察和比较研究，指出该组契丹族颅骨上所体现出的短而阔并且有些偏低的颅型、中等偏阔的鼻型，以及垂直并且相当扁平而宽阔的面形等几项特征，似乎更为接近北亚蒙古人种。但是在某些个别的体质因素上，尤其是该组中的那些颅型比较高、狭的标本，他们的种系成分或许与东亚、东北亚人种也存在着不同程度的联系。运用多元统计分析的方法，对山嘴子契丹族头骨与若干古代、近代颅骨组比较的结果表

---

[1] 内蒙古文物考古研究所等：《辽耶律羽之墓发掘简报》，《文物》1996年第1期。

明，山嘴子组与古代鲜卑族和近代蒙古族在种系特征上最为相似①。

二、契丹世居之地在松漠

《魏书·契丹传》载："契丹国，在库莫奚东，异种同类，俱窜于松漠之间。登国中（388年），国军大破之，遂逃迸，与库莫奚分背。"②

库莫奚就是奚族人。松漠之间是指西辽河流域。松，指生长松树林的山岭，巍峨的大兴安岭从黑龙江上源的额尔古纳河向南绵延，遇燕山山脉而止。横穿山岭的西拉木伦河水系，哺育了山间盆地草原的人民。漠，指山岭东侧的科尔沁沙地草原，青青草原上有稀疏的榆树、松树等林木，地貌最显著的特点是沙层有广泛的覆盖，丘间平地开阔，形成了坨甸相间的地形组合，当地人称其为"坨甸地"。沙地面积目前有3万平方千米，地处蒙古高原东端，是蒙古高原向东北平原的过渡地带，海拔西高东低。自然环境决定了这个地区在生业类型上属于农牧交错地带。

三、契丹古八部与"青牛白马"传说

《旧唐书》记载早期契丹人是"逐猎往来，居无常处。其君长姓大贺氏。胜兵四万三千人，分为八部"③。契丹古八部指的是：悉万丹部、何大何部、伏弗郁部、羽陵部、日连部、匹絜部、黎部、吐六于部，是松散的部落联盟。

《辽史·地理志》载："相传有神人乘白马，自马盂山浮土河而东，有天女驾青牛车由平地松林泛潢河而下。至木叶山，二水合流，相遇为配偶，生八子。其后族属渐盛，分为八部。每行军及春秋时祭，必用白马青牛，示不忘本云。"④潢河即今西拉木伦河，土河即今老哈河，西拉木伦河南岸的支流。青牛白马传说反映了契丹古八部是有血缘关系的部落联盟。

这个传说在族内流传久远，至今仍存。1989年，中国民族学学会在北京召开的第四届学术年会上，云南有契丹后裔的信息在会上交流并得到史学界和民委的高度重

① 朱泓：《人种学上的匈奴、鲜卑与契丹》，《北方文物》1994年第2期。

② ［北齐］魏收撰：《魏书》卷100《契丹传》，中华书局，1974年，第2223页。

③ ［后唐］刘昫等撰：《旧唐书》卷199下《契丹传》，中华书局，1975年，第5349页。

④ ［元］脱脱等撰：《辽史》卷37《地理志一》，中华书局，2016年，第504页。

视，由内蒙古孟志东（莫日根迪）带领的调查组从1990年开始到云南调查。1992年5月到9月，"云南契丹后裔调查组"在施甸长官司村考察时，从契丹后裔蒋文智族长家中取出了珍藏近六百年、于明代撰写的《施甸长官司族谱》，族谱卷首内附一首绝密赞词，谱内还有一幅"秘画"（图一）[①]。

▲图一　云南契丹后裔收藏的"青牛白马图"

画面正中的大树是始祖，下面是8棵小树代表古八部，赞词如下：

> 辽之先祖始炎帝，审吉契丹大辽皇。
>
> 白马土河乘男到，青牛潢河驾女来。
>
> 一世先祖木叶山，八部后代徙潢河。
>
> 南征钦授位金马，北战皇封云朝臣。
>
> 姓奉堂前名作姓，耶律始祖阿保机。
>
> 金齿宣抚抚政史，石甸（即施甸）世袭长官司。
>
> 祖功宗德流芳远，子孙后代世泽长。
>
> 秋霜春露孝恩德，源远流长报宗功。

---

① 孟志东：《云南契丹后裔研究》，中国社会科学出版社，1995年，第40—41页。

《勐板蒋氏家谱》道明了原委："蒋氏祖先姓耶律氏，名阿保机，创建辽朝，为金所灭。后裔以阿为姓，又改为莽。在元初，随蒙古军南征有功，授武略将军之职。明朝洪武年间，因麓川平缅叛有功，分授长官司，并世袭土职。后又经历数代，改为蒋姓。"此图虽然是明代绘制的，却反映了"青牛白马"传说在契丹人中世代相传，是契丹部落起源的历史印记。

此"秘画"的存在应世世代代严格保密，泄露族源可能导致族人遭受灾祸，现代社会的稳定和对调查组的信任才使族人将其公布。后来经过深入调查，阿保机第十四代孙耶律忙古带是云南契丹后裔的先祖，目前其后裔已经分散到多个民族中，约有15万人①。

辽亡之后，耶律大石西走，带走的契丹人是少数。绝大多数契丹人慢慢分解融合到我国其他民族之中。

契丹世世代代口口相传的"青牛白马"传说，保留着远古的历史印记。两个主要部落都是从外地迁移到辽西松漠地域，并长期在这里繁衍生息，生成古八部。

史书文献记载契丹来源于鲜卑，考古出土的耶律羽之墓志等文物资料也将来源指向鲜卑。鲜卑人的发源地在大兴安岭的北端，呼伦贝尔的大兴安岭天然山洞嘎仙洞的洞壁上刻着北魏皇帝派人到山洞祭祀祖先发祥地的鲜卑石室祭文②。鲜卑人从山区西下呼伦贝尔草原成为草原游牧部落，东汉时迅速发展强大，击败草原霸主匈奴，南下到达长城沿线地带，先后建立北魏、三燕等诸多政权。

体质人类学的种族分析成果显示，契丹人以北亚人种为主，最接近的民族是鲜卑人和蒙古人。蒙古人也是从大兴安岭北端山区的室韦人演变而来的。汉代以前的蒙古高原上的属于北亚人种的考古学文化是石板墓文化，与匈奴人不同。陈国公主墓、库伦七号辽墓、宝山辽墓的壁画中的契丹人容貌与图瓦、布里亚特蒙古人相同，是典型的北亚人种西伯利亚类型。

与契丹共同居住的是奚族，奚族至少从商代就开始在辽西居住，是真正的世世代代居住在松漠地区的土著人。契丹是东汉以后从外地迁徙过来的。因此可以得出这样

---

① 蒋元重：《流向云南的契丹族》，《潍坊教育学院学报》2000年第4期。
② 米文平：《鲜卑石室的发现与初步研究》，《文物》1981年第2期。

的初步认识：契丹远祖生活在大兴安岭北段和呼伦贝尔大草原到贝加尔湖一带，"青牛白马"传说反映的是两支由不同路径迁徙到辽西相遇后所组成的通婚部落。两支部落具体从何处迁徙过来目前还无法考证。

第二节　契丹部落联盟二度兴盛

一、大贺氏联盟兴乱与营州州治变迁

随着时间推移，各部落兴衰变化，到隋朝和唐初时，契丹又形成新的八部，形成了统一的部落联盟。《契丹国志》载："初契丹有八部，族之大者曰大贺氏。"[①]由于大贺氏族所在的部落在八部契丹中最为强大，以后的部落联盟长都是由大贺氏家族成员担任，因此这个联盟史称大贺氏联盟。《旧五代史·契丹传》载："分为八部，每部皆号大人，内推一人为主，建旗鼓以尊之，每三年第其名以代之。"[②]拥有旗鼓的部落长，对各部的号令加强，此时部落联盟的势力壮大，进入兴盛时代，成为辽西地区霸主，此后契丹兴亡分合变化的历史发展，深远地影响着中国历史的进程。

契丹之地，是蒙古大草原的东端，蒙古草原上的部落争霸也影响着契丹的发展。契丹在北朝和隋唐初期臣服于突厥汗国。

唐朝中央对地方的统治形式是郡县制与羁縻制并存，郡县制是中央垂直管理，羁縻制是实行朝廷统属下的地区民族自治。在辽西地区设立营州都督府属于郡县体系，同时设立松漠都督府属于羁縻制下的府州，臣服于唐廷，内部是酋长自治。

---

① ［宋］叶隆礼撰，贾敬颜、林荣贵点校：《契丹国志》卷23《并合部落》，中华书局，2014年，第248页。

② ［宋］薛居正等撰：《旧五代史》卷137《外国列传一》，中华书局，2016年，第2130页。

唐贞观二年（628年），大贺氏联盟长摩会率领契丹各部，依附于唐朝。唐太宗李世民遵照契丹传统习俗，给摩会颁赐旗鼓，表示正式承认其部落联盟长职务，代表唐朝统率契丹。

大贺氏第二任联盟长窟哥，随唐太宗征讨高句丽有功。唐贞观二十二年（648年），唐朝在契丹驻地设立松漠都督府，以契丹大贺氏联盟长大贺窟哥为松漠都督，并赐姓李氏，受封左吾卫将军，无极县男爵。契丹八部分设为九州，其中达稽部为峭落州，纥便部为弹汗州，独活部为无逢州，劳问部为羽陵州，突便部为日连州，芮奚部为徒何州，坠斤部为万丹州，析伏部为匹黎、赤山二州，皆隶属松漠都督府统辖。诸州最高长官是刺史，由契丹各部落酋长担任。

显庆五年（660年），大贺窟哥死，继任松漠都督的阿卜固率契丹诸部与奚族连兵反叛。同年五月，唐高宗遣突厥降将阿史德枢宾为沙砖道行军总管，讨伐契丹。不久，契丹兵败，阿卜固被擒送洛阳。唐高宗便以窟哥之孙李枯莫离为左卫将军、弹汗州刺史，封归顺郡王。另一个孙子李尽忠为右武卫大将军、松漠都督，继统契丹八部。

营州治所在今辽宁省朝阳市城区，这里曾是三燕古都龙城，隋唐在此设置营州。在著名的朝阳北塔南侧的龙城宫城南门遗址，发现了唐代营州对旧城门改造利用的迹象①。营州成为唐朝对辽西地区各少数民族部落掌控的中心，也是唐朝草原丝绸之路东端的贸易中心，胡商集聚，朝阳唐墓的胡人俑是丝绸之路延伸到此的见证。胡人安禄山掌握四种语言，在胡汉商贸活动中从事翻译说客的工作，称为"牙人"。营州是唐朝重镇，长安到营州的人很多。唐代诗人金昌绪的《春怨》，"打起黄莺儿，莫教枝上啼。啼时惊妾梦，不得到辽西"便描写了女子对远征辽西的丈夫的思念。唐朝诗人杨凝《送客东归》中"君向古营州，边风战地愁"一句则描述了古营州为边塞战地的情况。

在松漠都督府设置四十八年后，营州官府旱灾不赈济，引发了长达四年的动乱，史称"李尽忠、孙万荣之乱""李尽忠之乱"及"营州之乱"。唐廷平叛营州饥民之乱，分为四个阶段：

第一阶段，李尽忠时期，唐军征讨契丹失败。万岁通天元年（696年）年初，辽

---

① 田立坤、万雄飞、白宝玉：《朝阳古城考古纪略》，《边疆考古研究》（第6辑），科学出版社，2007年，第301—311页。

西地区发生严重旱灾，民间出现饥荒。刚愎自用的营州都督赵文翙不但不予赈济，反而视契丹首领如奴仆，此后还多次侵侮其管辖的契丹部属。赵文翙的行为激起了以右武卫大将军、松漠都督李尽忠为首的契丹人的强烈不满。李尽忠与妻兄、归诚州刺史孙万荣等商议后，决定乘机举兵反唐，称"无上可汗"，孙万荣为主帅。攻陷营州，俘虏数百人，斩杀赵文翙。又向南攻打幽州等其他州县，发展迅速。辽西辽东政局混乱，饥荒蔓延，奚族随即反叛，向西投靠突厥。靺鞨人东归故地，靺鞨酋长乞四比羽率领一部向东进入辽东，后战死。乞乞仲象和大祚荣父子率领一部分人继续向东，到达忽汗河（牡丹江）流域，称王。

契丹叛乱的消息传至京城，武则天震怒。诏命左鹰扬卫将军曹仁师、右金吾卫大将军张玄遇、左威卫大将军李多祚、司农少卿麻仁节等二十八将率兵征讨，梁王武三思做后援预备队。同时下诏改李尽忠为李尽灭，孙万荣为孙万斩。契丹打败唐军，俘虏唐右金吾卫大将军张玄遇、司农少卿麻仁节。不久李尽忠病逝，孙万荣代之。

第二阶段，孙万荣前期，唐军征讨契丹失败。武则天再派大军征讨孙万荣。武则天令天下囚犯及士庶家奴骁勇者充军，建安王武攸宜为右武威卫大将军，充清边道行军大总管，以右拾遗陈子昂为总管府参谋，率部征讨契丹。神功元年（697年）三月，孙万荣首战取胜，杀死唐军前锋王孝杰。武攸宜军率部抵达渔阳（今天津市蓟州区）时，听到战败的消息后，军中震恐，不敢前进。武则天又诏命右金吾卫大将军武懿宗为神兵道行军大总管，与右豹韬卫将军何迦密率军增援河北，结果都被孙万荣击败。

第三阶段，孙万荣后期，被突厥袭击后方，唐军趁机取胜。孙万荣于柳城西北，依险构筑新城，将老弱妇女与所获大量物资器仗留于城内，让其妹夫乙冤羽负责守卫，并派使者联系突厥，以解除其后方威胁。东突厥默啜可汗从来使口中得知新城空虚后，没有出兵击唐，而是让使者为向导偷袭契丹新城，三日而克，尽俘契丹人而归，并放孙万荣的妹夫乙冤羽奔走驰报孙万荣。孙万荣部军心涣散，唐军迅速击溃孙万荣，契丹部将何阿小、李楷固、骆务整都被俘而投降唐军。五月，孙万荣被家奴杀害，一部余众投靠突厥。

第四阶段，唐军剿灭契丹余部。久视元年（700年）武则天派契丹降将李楷固、骆务整率军攻打契丹余部，悉平之。

契丹李尽忠、孙万荣之乱对历史进展产生了深远影响。第一，唐廷对辽西地区的实际控制大大减弱，营州都督府从辽宁朝阳迁往河北渔阳。契丹大贺氏等强部瓦解，弱小的遥辇部、孕育辽朝的迭剌部开始发展壮大。第二，唐灭高句丽后，把依附的靺鞨人迁居营州，暂居营州的靺鞨人在战乱中逃离辽西，东奔建立渤海国。

二、遥辇氏部落联盟称霸辽西

大贺氏联盟瓦解后，契丹人又建立了遥辇氏部落联盟。契丹可突于杀死大贺氏部落联盟最后一任可汗李邵固后，拥立屈列为契丹诸部首领（730年），是为遥辇氏第一任可汗，称洼可汗，但大权仍然掌握在可突于手中。唐开元二十年（732年），洼可汗、可突于联合奚族入寇幽州时被唐兵打败。翌年，洼可汗、可突于引突厥人马入寇，败唐军于都山（今河北省青龙满族自治县西北），杀唐幽州道副总管郭英杰。唐开元二十二年（734年），洼可汗、可突于入寇幽州，被唐幽州节度使张守珪击溃，洼可汗、可突于见形势对己不利，在派人向唐军请降以拖延时间的同时，另派人向突厥请援以求脱身。唐前往接受投降人员，识破两人伎俩，遂联合契丹乙室活部首领李过折将洼可汗和可突于斩杀。李过折杀死屈列、可突于后，举部降唐，被唐授予契丹知兵马中郎将，代领其众。翌年（735年），李过折亲自入唐觐见唐玄宗，被封为北平王，授检校松漠都督。但是，李过折回到契丹不久，就被可突于同党涅里所杀，涅里被唐廷册封为松漠都督，成为契丹的实际首领。不久，涅里因安禄山之故，举部背唐依附于突厥。

唐开元二十五年（737年），阻午可汗为契丹可汗，组建了遥辇氏部落联盟。经过大贺氏后期内乱，契丹衰落，八部只剩五部。阻午可汗组建部落联盟后，在涅里帮助下对部落进行整顿，重建为八部，建立各项制度，设置各级官衙，从而使遥辇氏部落联盟具有了汗国的性质。

唐天宝四年（745年），突厥灭亡，回鹘成为草原新霸主，阻午可汗乘机举部归唐，被唐廷赐姓名李怀秀，授松漠都督，封崇顺王。同时唐玄宗封外孙女孤独氏为静乐公主，下嫁阻午可汗。

阻午可汗携静乐公主回到契丹不久，因安禄山滥杀契丹人之故，杀死静乐公主叛唐。安禄山乘机讨伐契丹，阻午可汗不敌唐兵而败逃，依附于回鹘政权。唐天宝十年（751年），安禄山率幽州、平卢、河东三道兵马讨伐契丹，阻午可汗率部众在潢水南击败唐兵，唐兵损失惨重，安禄山只身而逃。此后阻午可汗仍然率部依附于回鹘汗国。

唐玄宗末年爆发安史之乱，阻断了河北道路，契丹可汗没有直接到长安觐见唐皇，而是遣使通过奚族向唐皇朝贡。安史之乱后，唐廷对辽西失去控制权，没有再册封可汗和松漠都督。

契丹和奚族进一步得到壮大，分别屡屡进攻幽州等地。例如，贞元十一年（795年）奚王啜利率六万余众进犯幽州。太和四年（830年），奚人又犯幽州。大中元年（847年）五月，奚人又犯边，为幽州节度使张仲武所破。

回鹘汗国被黠戛斯推翻后，唐武宗会昌二年（842年），契丹遥辇氏部落联盟可汗屈戌内附，重归于唐，唐视契丹为属国，承认屈戌可汗地位，拜云麾将军、右武卫将军，授以"奉国契丹之印"。

遥辇氏第九任可汗是痕德堇可汗，名钦德。《辽史·世表》称钦德于"光启中，钞掠奚、室韦诸部，皆役服之，数与刘仁恭相攻"[1]。后唐官修《庄宗列传》："光启中，其王曰钦德，乘中原多故，北边无备，遂蚕食诸部，达靼、奚、室韦之属咸被驱役，族帐浸盛，有时入寇。"[2]契丹成为辽西的草原霸主。

第三节　辽太祖建立帝国

一、称帝仪式的文化二元性

辽太祖耶律阿保机生于唐朝末年咸通年间，是契丹迭剌部人。迭剌部是契丹遥辇氏部落联盟中的强部，阿保机的雄才大略被痕德堇可汗赏识，痕德堇可汗在906年去世，他遗命推选阿保机为继位可汗。

《辽史·太祖纪上》记载，太祖二年（908年）"冬十月己亥朔，建明王楼"[3]。

---

① ［元］脱脱等撰：《辽史》卷63《世表一》，中华书局，2016年，第1058页。
② ［宋］司马光撰：《资治通鉴》卷266《后梁纪一》，中华书局，1956年，第8677页。
③ ［元］脱脱等撰：《辽史》卷1《太祖上》，中华书局，2016年，第4页。

"明王"是圣贤君主之意。910年任期三年已满，耶律阿保机取消部落联盟三年一代的可汗世选制，成为世袭可汗。

阿保机建立世袭制遭到诸弟的激烈反对，三年内三次内部叛乱，都被平息。诸弟之乱后，阿保机清扫了诸多守旧贵族的反对势力，使得自己的地位更加稳固，但也给契丹部落联盟带来了深重的灾难。阿保机曾叹息道："此曹恣行不道，残害忠良，涂炭生民，剽掠财产。民间昔有万马，今皆徒步，有国以来所未尝有。"[1]此后阿保机加快了建立王朝国家的步伐。913年冬天，他再次召集氏族部落长老会议，在莲花泊燔柴祭天，举行了隆重的传统选汗仪式，再次确立了自己的权威。

太祖五年（911年），阿保机亲征西部奚族，分兵讨伐东部奚族，东西两部悉数归属，辽西腹心之地再无忧患。然后阿保机继续向东占领富庶的辽东，太祖九年（915年）十月，其实际控制的范围已经包含辽河流域全境。

获得辽东之地后，阿保机立刻策划称帝，国号契丹，举办登基大典，既要顺应草原民族传统，又要得到汉人等农耕民族的认可，才能稳固政权。国俗与汉俗的文化二元性成为特色。

《辽史》记载："神册元年（916年）春二月丙戌朔，上在龙化州，迭剌部夷离堇耶律曷鲁等率百僚请上尊号，三表乃允。丙申，群臣及诸属国筑坛州东，上尊号曰大圣大明天皇帝，后曰应天大明地皇后。大赦，建元神册。初，阙地为坛，得金铃，因名其地曰金铃冈，坛侧满林曰册圣林。"[2]至此，阿保机完成了从草原游牧人的可汗到统治游牧和农耕人的皇帝的升华转变。

龙化州是阿保机的私城，他把攻掠幽州之地俘虏的汉民迁移集中在这里，修建汉城以贮之。按照汉人神学体系，皇帝是龙转世，是龙的化身，所以为了笼络汉人之心，他在此称帝后把此城取名为"龙化州"。

契丹可汗即位仪式是在营地进行，可汗帐篷外摆设旗鼓。阿保机皇帝即位仪式在龙化州城进行，重臣"等率百僚请上尊号，三表乃允"也是汉式皇帝就帝位的惯例形式。以汉仪就帝位登基，其主要目的是笼络汉人，成为汉人心目中的皇帝。

宋太祖陈桥兵变是黄袍加身，重视的是穿龙袍仪式，没有掘地筑坛的仪式。契丹

---

① ［元］脱脱等撰：《辽史》卷1《太祖上》，中华书局，2016年，第10页。

② ［元］脱脱等撰：《辽史》卷1《太祖上》，中华书局，2016年，第10—11页。

和北方民族的原始信仰是萨满教。萨满在《辽史》中被称为"巫"。辽早期的吐尔基山辽墓墓主是一位女性，安葬在彩绘木棺内[①]。头戴金质十字梁的金帽，腰下衣服挂着20多个圆形铜铃（图二），与鄂温克族、达斡尔族、满族的萨满跳神时穿戴十字铜梁帽、身挂铜铃铛的萨满服高度一致，可以确定其身份是契丹萨满。其肩上有日月图案的金牌，衣服上有"天""朝"等文字，其通神活动与国家命运相关，可能是服务于皇室的大萨满。吐尔基山辽墓主人随葬品超级豪华，龙凤纹样广泛使用。墓的主人是谁，引起辽史学者的讨论。该墓刚被发现时，有学者推测墓主是太祖的女儿[②]，后来的讨论趋于一致，认为墓主是耶律阿保机的亲妹妹余庐睹姑公主[③]。作为皇家的大萨满，按照礼法，她应该参加阿保机的皇帝筑坛掘地得金铃的仪式，但是她曾经参与诸弟之乱，是否能够参加这个仪式就不得而知了。

1

缀挂的青铜铃铛

2

▲ 图二 吐尔基山辽代早期皇室大萨满墓

1.开棺时发现水银和披挂在下身的铜铃铛 2.金帽与下颌托

---

① 郑承燕：《吐尔基山辽墓彩绘木棺具》，《中国博物馆》2010年第3期。

② 王大方：《吐尔基山辽墓墓主身份的推测——兼述契丹古代社会的"奥姑"》，《中国文物报》2004年1月30日第7版。

③ 李宇峰：《吐尔基山辽墓墓主身份商榷》，《中国文物报》2004年9月3日；王大方《再解吐尔基山辽墓墓主人身份之谜》，《内蒙古日报》2008年3月18日；都兴智：《吐尔基山辽墓墓主人及其相关问题再探讨》，《东北史地》2010年第2期。

铜铃是"通天"的"神器",金铃比铜铃更加稀有珍贵,"神力"更大,佩戴金铃的神比普通的神更尊贵。阿保机为了取得契丹族众的信任,掘地得金铃,天意神授帝权,改地名为"金铃岗"。国号契丹。建元"神册"。按照契丹民族传统习俗,举行了燔柴告天仪式。仪式是在树林地举行的,这片树林被命名为"册圣林"。

阿保机在此由"可汗"改称"皇帝",建立国号"契丹",建元"神册",标志着契丹帝国的正式诞生,也标志着契丹由氏族制向国家过渡的完成。

阿保机登基称帝后,许多事务处于草创阶段。他摒弃了许多契丹原始的政治制度,建立起新的契丹国家机构,受中原王朝的政权建设影响很大。

神册三年(918年),阿保机任命汉族士人康默记为版筑使主持营建都城——皇都。皇城内有宫城,宫城内有宫殿,每日举行上朝仪式,使得契丹国具备了汉式帝国行政中心的标准象征。

《辽史》赞颂耶律阿保机功绩说:"金龁一箭,二百年之基,壮矣。"[①]这条史料说明阿保机在皇都城选址时曾经使用萨满教的神选之法,在向天神祭祀祷告后弯弓射箭。辽墓中出土箭头都是钢铁之镞,没有铜箭镞,也没有金银箭镞。"龁",作为动词是整治、整顿的意思;作为形容词是局促、拘谨的意思。金龁箭,应该是把箭镞装以金饰,比如把金丝线缠绕在箭镞上,增加神秘性。神箭的制作事关民族国运大业,缠绕金饰的人,有两种可能,一是阿保机本人,二是天地神灵的使者萨满。辽陵还没有出土箭镞,不知道皇帝使用的箭镞式样。皇陵之下,最高等级的墓是辽代早期的赤峰大营子的驸马赠卫国王墓。墓中出土的鸣镝箭镞(图三),射击时骨哨会发出响声,属于驸马使用的号令箭。阿保机是可汗,也应该随身携带这样的鸣镝。或许阿保机就是用他携带的号箭在萨满的主持下制成了金龁箭。

金龁神箭落点应该是最初的宫殿基址,并以此为基点设计皇城。

太祖二年(908年)"冬十月己亥朔,建明王楼"[②]。

太祖七年(913年)三月,太祖弟刺葛等反叛,刺葛之党神速姑"复劫西楼,焚

---

① [元]脱脱等撰:《辽史》卷37《地理志一》,中华书局,2016年,第498页。

② [元]脱脱等撰:《辽史》卷1《太祖上》,中华书局,2016年,第4页。

▲ 图三 赤峰市驸马赠卫国王墓出土鸣镝之箭镞

明王楼"[1]。

第二年（914年），"建开皇殿于明王楼基"[2]。"开皇"与"始皇"同意，表达其欲建大帝国的志向。

神册元年（916年）年，阿保机即仿效中原王朝，正式称帝，建元神册。

神册三年（918年）才开始大规模营建都城。

明王是圣贤明君之意。辽天赞三年（924年）六月己酉，阿保机云："上天降监，惠及丞民。圣主明王，万载一遇。朕既上承天命，下统群生，每有征行，皆奉天意。"[3]

由此推导出，阿保机金龊箭落点的选址地点，应该就是第一个象征王权的明王楼。这是天神所选之王权宫殿之地，所以，诸弟反对世袭王权而烧毁明王殿建筑，建

---

① ［元］脱脱等撰：《辽史》卷1《太祖上》，中华书局，2016年，第7页。
② ［元］脱脱等撰：《辽史》卷1《太祖上》，中华书局，2016年，第10页。
③ ［元］脱脱等撰：《辽史》卷2《太祖下》，中华书局，2016年，第21页。

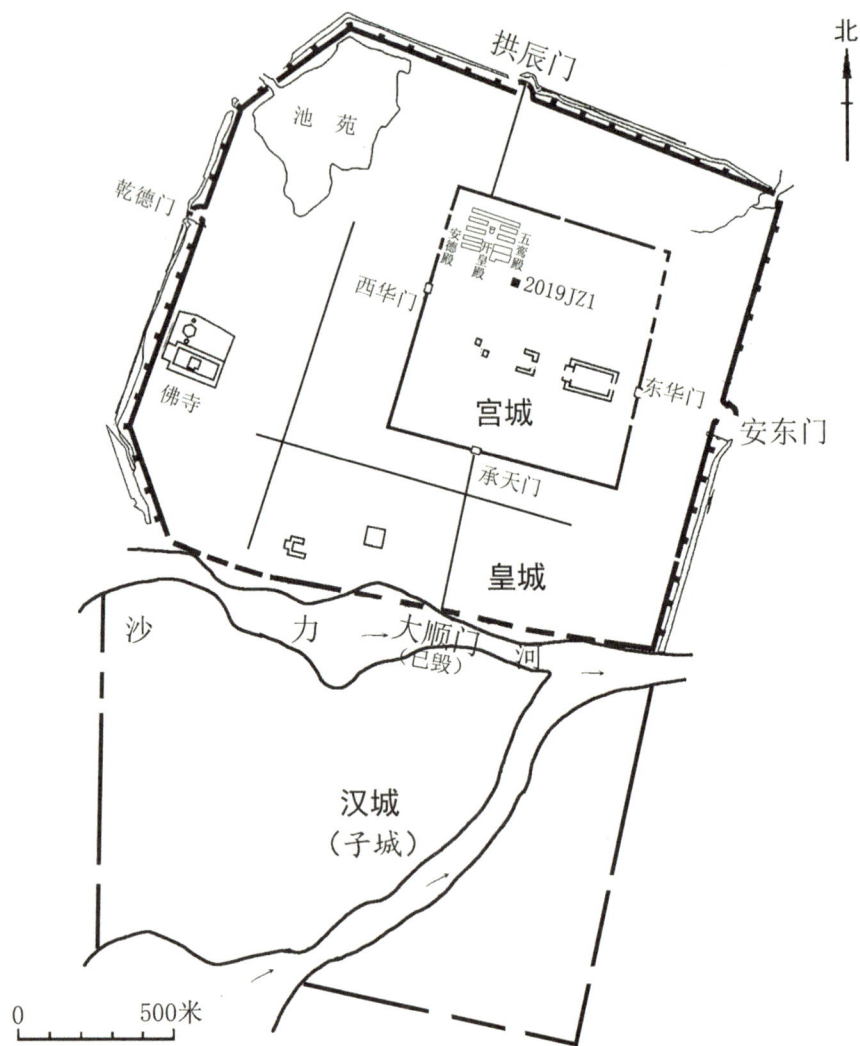

▲图四 辽上京城平面布局示意图

筑被毁后又在原址建设了一个更大的宫殿，名曰开皇殿。

由此还可以推导出，辽上京城修建的次序是先建开皇殿，再修皇城城墙，再后接续修建依附于皇城的汉城，汉城又被俗称为"子城"（图四）。辽上京城的"子城"之名，包含了皇城与汉城的修建先后关系和主次依附关系。

二、太祖平定蒙古高原

（一）征讨北方到达贝加尔湖

神册二年（917年）三月，北方的乌古又叛，阿保机命室鲁"以兵讨之"。乌古屡平屡叛，是契丹统一东北的一个劲敌。到神册四年（919年）十月，阿保机亲率大军包围乌古部，命太子耶律倍领先锋军进击，大破乌古，"俘获生口万四千二百，牛马、车乘、庐帐、器物二十余万"，乌古部"举部来附"[①]。此战彻底征服了乌古部的有生力量，北方以及大兴安岭地区被纳入契丹版图。

（二）尝试南进受阻而退

南下占领幽州和中原也是太祖的宏伟战略目标，但因这些地区在唐朝后期开始藩镇割据，军事力量强大，需要伺机行事。神册二年（917年），后晋新州（今河北省涿鹿县）将领卢文进北逃投靠契丹，阿保机和卢文进发兵攻下新州，进而攻打幽州，围城二百日而不克，兵败退回。义武节度使王处直也遣子王郁求契丹出兵解镇州（今河北省正定县）之围。神册六年（921年）十二月，阿保机趁机率大军入居庸关，下古北口，攻陷涿州后进兵围困定州，在沙河及望都（今河北省定州市东北）与后晋李存勖展开大战而败，撤军。

辽太祖两次南下皆碰壁而退，转而改变战略，先向西北和东侧扩张，壮大国力，免除后顾之忧，再图中原。

（三）西扫高原直达阿尔泰

天赞三年（924年），辽太祖亲自征讨西方的党项、阻卜等部落，西北到达了乌孤山，还曾抓获回鹘都督，回鹘乌主可汗派使臣纳贡谢罪。阿保机的势力最西到达了今阿尔泰山东麓草原。太祖西征，统一了蒙古高原，成为蒙古大草原的新霸主。

太祖西征开辟了广袤的高原疆域，其后辽朝在高原上修筑了镇州等很多城池，也利用了回鹘时期的旧城可敦城，加强防御。在蒙古国东部的克鲁伦河北岸，东方省查噶安阿包苏木有一座古城——巴尔斯-1号城址，城规模很大，城墙为夯筑而成。西墙

---

① ［元］脱脱等撰：《辽史》卷2《太祖下》，中华书局，2016年，第17页。

长2020米，北墙长1650米，南墙长1580米，东墙长1350米，周长达6600米，超过东北的其他任何州级城（图五，1）。城内南侧有一塔基，城外东侧现存一砖塔，为六边形空心砖塔（图五，2），现高16.5米，外宽9.32米，内宽5.56米。

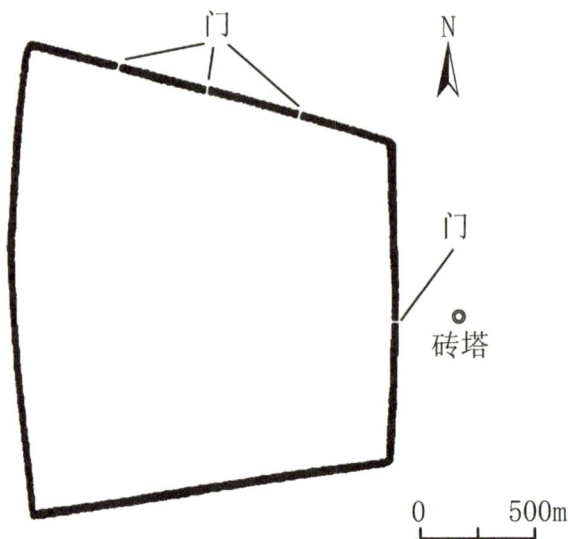

1

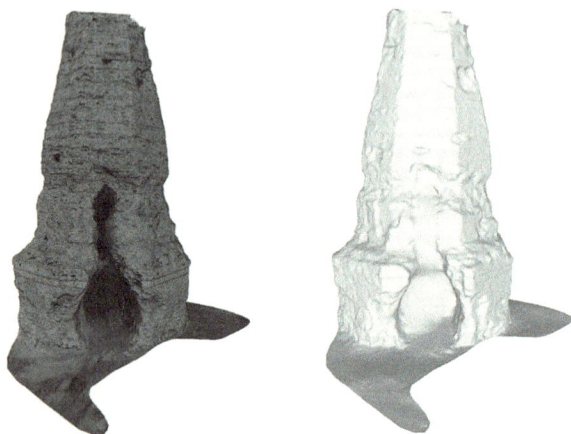

2

▲图五　巴尔斯–1号城址平面图及城外砖塔

1.巴尔斯–1号城址平面图　2.城外东侧砖塔

（注：图片采自正司哲朗、A.エンフトル、L.イシツェレン.契丹（遼）時代の土城「バルスホト1」に隣接する仏塔の修築前後の構造比較,图3、图5。图1略有改动。）

　　图拉河流域的青陶勒盖古城经过考古发掘证实是辽代修筑的古城，发现了房屋遗迹，出土了契丹陶器、辽瓷器、玉石器、铁镞、铁铠甲片等遗物（图六）[①]。辽国在图拉河流域的建设，为辽末耶律大石在金军势如破竹的危急形势下引兵马北走，以可敦城为早期都城建立西辽，奠定了基础。

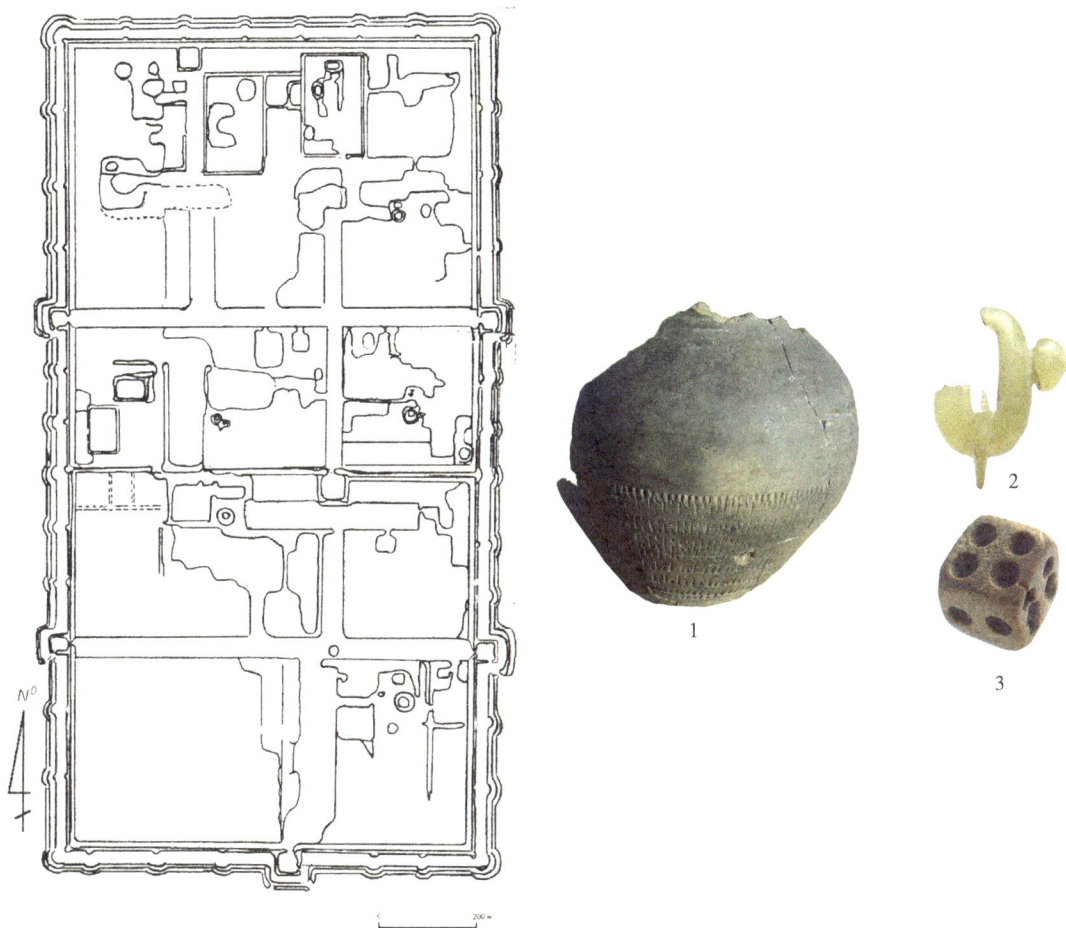

▲图六　蒙古国西部青陶勒盖古城平面图和出土契丹器物

1.契丹篦纹灰陶壶　2.玉耳坠　3.骰子

（资料由蒙古国科学院历史与考古所巴图提供）

[①] 宋国栋：《蒙古国青陶勒盖古城研究》，内蒙古大学硕士学位论文，2009年，第9—16页。

三、东灭渤海国，病逝黄龙府

（一）"世仇"的来源

建国后，太祖加强辽东建设和管理。神册三年（918年）十二月，阿保机前往辽阳故城。其后，神册四年（919年）二月，阿保机又"修辽阳故城，以汉民、渤海户实之，改为东平郡，置防御使"①，巩固辽东防务。

天赞四年（925年），阿保机宣布："所谓两事，一事已毕，惟渤海世仇未雪，岂宜安驻！"②同年冬，阿保机倾师东征渤海。

渤海国立国二百年之久，有"海东盛国"美誉。但是渤海国长期没有战事，盛平日久，军备松懈，昔日三人当一虎的锐气尽失。辽东渤海旧地被契丹不断蚕食，鸭绿府、怀远府等西侧之地早已被契丹占有，渤海国王忍气吞声，没有组织抵抗和反击战。对辽太祖这次发动的灭国之战，渤海国王也将其视为蚕食之战，没有组织防御战略，导致迅速亡国。

阿保机借口的"世仇未雪"是指何世仇？有学者认为是契丹李尽忠、孙万荣之乱时，靺鞨人没有帮助契丹人叛乱，而是东逃，导致孙万荣兵败③。这种解释难以令人信服。

辽西之乱，起于灾害饥饿，本质是饥民暴动④，并不是一个长期、有计划的事件。契丹人李尽忠受营州官员羞辱，最先挑起叛乱，攻占营州，随后，靺鞨人东奔，奚人也响应反叛。

《资治通鉴》卷250、万岁通天元年（696年）八月丁酉条载："契丹初破营州，获唐俘数百，囚之地牢……饲之以糠粥，慰劳之曰'吾养汝则无食，杀汝又不忍，今纵汝去'。"⑤唐朝征讨的官军把契丹叛乱之军称为"饥民"。《为建安王与诸将

---

① ［元］脱脱等撰：《辽史》卷2《太祖下》，中华书局，2016年，第17页。

② ［元］脱脱等撰：《辽史》卷2《太祖下》，中华书局，2016年，第23页。

③ 宋玉祥：《渤海与契丹"世仇"之浅见》，《北方文物》1995年第4期。

④ 薛宗正：《突厥史》，中国社会科学出版社，1992年，第469页。

⑤ ［宋］司马光撰：《资治通鉴》卷250《唐纪二十一》，中华书局，1956年，第6506页。

书》：“即日契丹逆丑，天降其灾，尽病水肿，命在旦夕。营州饥饿，人不聊生，唯待官军，即拟归顺。”①

李尽忠攻占营州后，立即南下攻打幽州、冀州富庶之地，也是为了解决辽西缺粮的根本问题。靺鞨酋长乞四比羽率领的靺鞨人在营州叛乱之初的万岁通天元年（696年）八月进入辽东，自立为王，攻打辽东唐朝的城池，攻打唐朝安东都护府驻地新城，未克，又继续南下攻打辽东城等城。靺鞨人牵制了唐朝辽东守军，武则天发兵，没有调动辽东驻军，从东进军包抄辽西契丹，这都是靺鞨乞四比羽部进军辽东的结果，事实上帮助了契丹叛军免受两侧夹击。

导致李尽忠、孙万荣兵败最关键的事件是公元697年5月被突厥偷袭老巢，即孙万荣在柳城西北修筑的新城，并放出守卫城池的妹夫乙冤羽送信给孙万荣，孙万荣军心涣散，导致此后连续战败。

世仇是前代积累的血仇，契丹人被渤海人大量惨杀的唯一历史事件是天门岭之战。在靺鞨人东奔建国时期，契丹人李楷固奉武则天之旨，率领部下征讨，在天门岭被伏击，“王师大败，楷固脱身而还”②，有大批契丹将士被斩杀或俘虏。辽太祖以此事激发契丹将士的斗志。

（二）攻占契丹道上的扶余城

辽太祖攻打渤海关键战只有一个，即偷袭扶余府。

偷袭扶余府城的进程如下：“闰月壬辰，祠木叶山。壬寅，以青牛白马祭天地于乌山。己酉，次撒葛山，射鬼箭。丁巳，次商岭，夜围扶余府。天显元年（926年）春正月己未，白气贯日。庚申，拔扶余城，诛其守将。”③乌山和撒葛山的位置不明，吉林市位于长白山北麓的丘陵盆地内，商岭应为吉林市西北的某处山岭。拔扶余府城后，七日大军兵围渤海国忽汗城（渤海上京城，今黑龙江省宁安市东京城镇）。

①［唐］陈子昂撰，徐鹏点校：《陈子昂集》卷10《为建安王与诸将书》，上海古籍出版社，2013年，第249页。

②［后晋］刘昫等撰：《旧唐书》卷199下《渤海靺鞨传》，中华书局，1975年，第5360页。

③［元］脱脱等撰：《辽史》卷2《太祖纪下》，中华书局，2016年，第23—24页。

可见扶余府城与渤海上京城距离很近。

扶余府在何地，以往争议很大，随着相关考古研究的深入，已经能确定其位置。

确定扶余城的位置，有两个地标明确的可靠史料，即《旧唐书》和《新唐书》对高句丽长城的记载。《旧唐书·高丽传》载："（贞观）五年（631年），诏遣广州都督府司马长孙师往收瘗隋时战亡骸骨，毁高丽所立京观。建武惧伐其国，乃筑长城，东北自扶余城，西南至海，千有余里。"[1]《新唐书·高丽传》亦载："建武惧，乃筑长城千里，东北首扶余，西南属之海。"[2]

高句丽长城的城墙分布和走向已经被考古调查认定清楚。基于文献和地方志记载，辽宁省学者和吉林省学者多次对老边岗进行实地调查[3]，在吉林省德惠市松花江镇老边岗村至辽宁省营口市老边区一线均发现隆起于地表的边岗遗迹。学界对于老边岗的性质、走向等问题进行了热烈的讨论，基本认定其为高句丽的长城[4]。李健才依据高句丽长城城墙分布和东端位置，排除扶余城在农安、昌图等其他地点的可能，扶余国前期王城只能是在吉林市内。他认为吉林市区有三座城址发现高句丽遗物，其中龙潭山城为扶余城，东团山城和西北向江对岸的三道岭山城规模较小，为龙潭山

① ［后晋］刘昫等撰：《旧唐书》卷199上《高丽传》，中华书局，1975年，第5321页。

② ［宋］欧阳修，宋祁撰：《新唐书》卷220《高丽传》，中华书局，1975年，第6187页。

③ 1981年10月—11月，中央民族大学、吉林省博物馆、四平师范学院（今吉林师范大学）和怀德县（今吉林省公主岭市怀德镇）文化部门联合对怀德境内的边岗做了调查。1983年，怀德县文物普查队又进行了复查。1988年4月和1989年10月，李健才等对农安、德惠境内以边岗命名的地点进行了实地调查。2006年3月，吉林省文物考古研究所与四平市文物管理办公室对吉林省内老边岗遗迹进行了全线调查。2008—2009年，张福有等人对吉林省和辽宁省的老边岗遗迹进行了系统调查。

④ 李健才：《东北地区中部的边岗和延边长城》，《辽海文物学刊》1987年第1期；王健群：《高句丽千里长城》，《博物馆研究》1987年第3期；李健才：《唐代高丽长城和扶余城》，《民族研究》1991年第4期；梁振晶：《高句丽千里长城考》，《辽海文物学刊》1994年第2期；李健才：《再论唐代高丽的扶余城和千里长城》，《北方文物》2000年第1期；冯永谦：《高句丽千里长城建置辨》，《社会科学战线》2002年第1期；冯永谦、崔艳茹：《高句丽千里长城西南至海段考古调查报告》，《辽宁长城》（四），2002年，第12–142页；张福有、孙仁杰、迟勇：《高句丽千里长城调查要报》，《东北史地》2010年第3期；张福有、孙仁杰、迟勇：《高句丽千里长城》，吉林人民出版社，2010年。

卫城。李健才将高句丽长城城墙东端距离吉林市龙潭山城较远与文献所载"东北自扶余城""东北首扶余"不相符的原因,解释为文献中提到的扶余城不是高句丽的扶余城,而是指在农安的扶余后期的王城故城①。这一观点与事实不符,因为农安古城是辽代中期才修建的黄龙府城,城址中从未发现过辽代以前的任何遗物,且地处高句丽长城之外,远离东端起点。

2007年全国长城资源调查工作启动,2011年吉林省文物考古研究所通过对德惠市确定屯段和公主岭市边岗屯段土墙的考古发掘,确认了老边岗土墙就是高句丽长城,确定了长城土墙东北端起点为德惠市松花江乡老边岗村的江岸悬崖处(图七),大体呈东北—西南走向②。从老边岗江岸高崖开始,向东南延伸,由平原进入山区,一直到达吉林盆地内的东团山城。此段即利用松花江北流段为河险墙,东团山山城正位于江东岸边,这与文献记载完全相符(图八)。东团山山城西侧紧邻松花江北流段,其上筑有四道城墙,最外侧城墙抵在江东岸,与抵在江西岸的松花屯段的老边岗墙体遥相呼应。另外东团山—南城子遗址考古发掘主要揭露了五期遗存,即西团山文化时期、扶余国时期、高句丽时期、靺鞨渤海时期和辽金时期文化遗存。其中高句丽时期遗存在东团山山城和南城子城内均有发现。因此东团山—南城子遗址应为高句丽长城的起点,即高句丽扶余城之所在。

唐总章元年(668年)高句丽灭亡。圣历元年(698年)渤海国建立,占据扶余城,改称为扶余府。故《新唐书》卷219《渤海传》曰:"扶余故地为扶余府。"③《辽史·地理志》亦载:"(通州)本扶余国王城,渤海号扶余城。"④所以渤海扶余府城是沿用了吉林市的扶余国王城。

扶余府距离忽汗城较近,约二百千米,是最短的路程,辽太祖出其不意,攻其不备,选择最短之路,闪击扶余府,奔袭渤海上京城(忽汗城)。

---

① 李健才:《唐代高丽长城和扶余城》,《民族研究》1991年第4期;李健才:《再论唐代高丽的扶余城和千里长城》,《北方文物》2000年第1期。

② 吉林省文物局编著:《吉林省长城资源调查报告》,文物出版社,2015年,第18、74—79页。

③ [宋]欧阳修、宋祁撰:《新唐书》卷219《渤海传》,中华书局,1975年,第6182页。

④ [元]脱脱等撰:《辽史》卷3《地理志二》,中华书局,2016年,第530页。

1　　　　　　　　　　　　2　　　　　　　　　　　　3

▲图七　德惠松花江西岸崖发现千里长城墙体的东端夯土遗迹（冯恩学拍摄）

1.远望剥开青草壁、裸露的黄色夯土墙　2.考古队王义学队长和潘玲教授在察看夯土墙

3.坚硬纯净的黄色夯土被黑色腐殖土覆盖

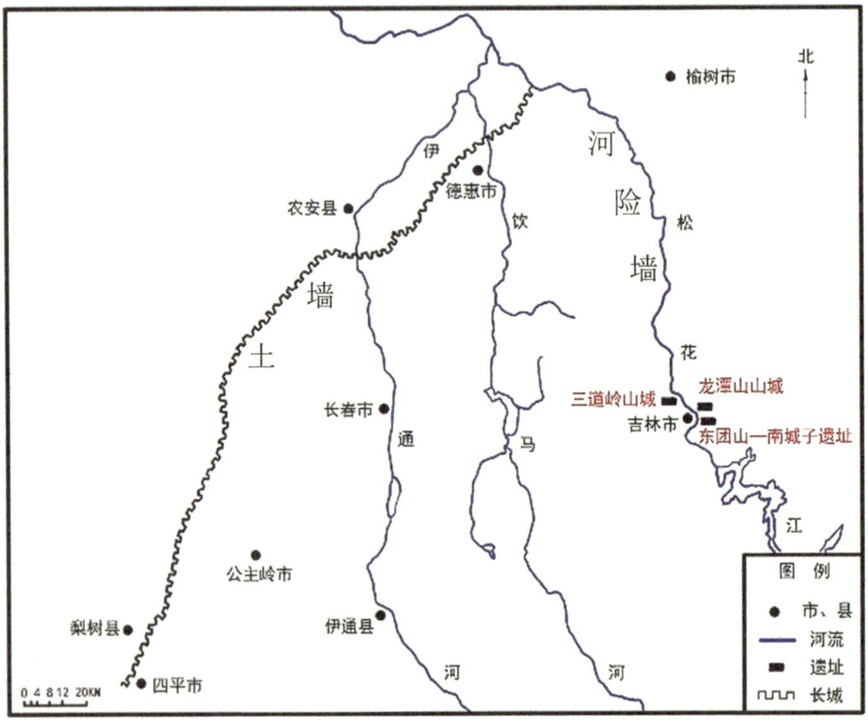

▲图八　千里长城东端的土墙与河险墙分布

《辽史·太祖下》载："（天显元年七月，926年）甲戌，次扶余府，上不豫。是夕，大星陨于幄前。辛巳平旦，子城上见黄龙缭绕，可长一里，光耀夺目，入于行宫。有紫黑气蔽天，踰日乃散。是日，上崩，年五十五。"[1]此则史料说明扶余府城有子城，即城内有小城。扶余国王城由外城、宫城（南城子城）、东团山城构成，符合有子城的条件（图九）。

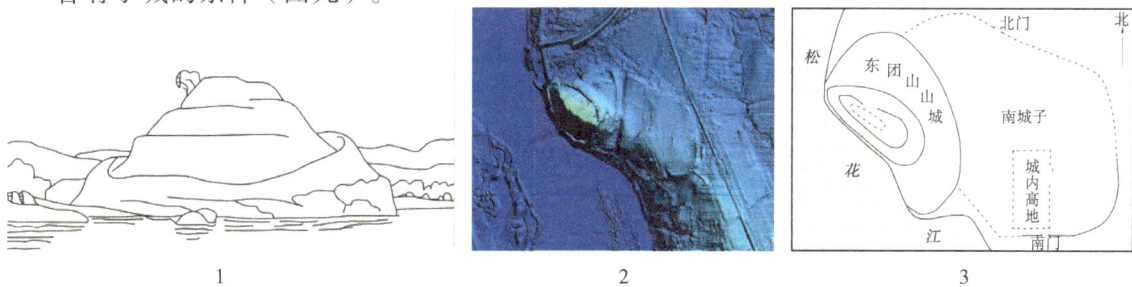

▲图九　扶余城子城和内城城墙遗迹

1.李文信早年手绘远望东团山城墙（子城）素描图

2.近年制作的东团山城（子城）与南城子城（内城）数字高程模型图　3.东团山山城与南城子城平面图

（三）奔袭忽汗城设立东丹国

辽军急行军，奔袭渤海国都上京城。渤海王大諲撰投降。阿保机在渤海国旧地建东丹国（意为东契丹国），封长子耶律倍为东丹王，忽汗城改名为天福城（今中国黑龙江省宁安市），年号甘露。

（四）回师途中病逝黄龙府

阿保机在回军途中病死扶余府，终年55岁。死后谥号升天皇帝，庙号太祖，陵号祖陵。

太祖病逝地点在何处？《辽史·太祖下》卷末赞语前的一段话至关重要，文曰："太祖所崩行宫在扶余城西南两河之间，后建升天殿于此，而以扶余为黄龙府云。"[2]在东团山—南城子遗址之南约五千米处有一条街道名"河堤路"，路南有一

---

[1] ［元］脱脱等撰：《辽史》卷2《太祖下》，中华书局，2016年，第25页。

[2] ［元］脱脱等撰：《辽史》卷2《太祖下》，中华书局，2016年，第26页。

小河，当地居民称"油河"，从东侧高山发源，经过二道沟东村、帽儿山墓地南侧二道河子村，自东北向西南注入北流松花江。松花江在河口之北呈"几"字形弯转，形成了一块向西凸出的半圆形冲积平原，这片平原区域正处于东团山—南城子遗址的西南方。当年辽太祖大帐应该是驻扎在粟末水与此小河的夹角内平原上，地貌特征与史料记载"西南两河之间"高度吻合（图十）。

▲图十　辽太祖黄龙府病逝营帐位置（赵东海绘制）

皇后述律平随军出征，在太祖病逝后"称制，摄军国事"[1]。护送梓宫回到西楼皇都城，临时放置在祖州城子城西北的巨石建成的石室内。这个巨大石室至今仍然矗立在祖州城内，当地人称为"石房子"（图十一）。在陵园外修建有守护祖陵的祖州城，太祖的护卫亲军斡尔朵驻守祖陵，称为天城军。在祖陵与祖州之间修建有太祖纪功碑和游猎碑。碑已经被毁，考古发掘出土了大量碎片。

---

① [元] 脱脱等撰：《辽史》卷71《后妃传》，中华书局，2016年，第320页。

▲图十一 祖州城内的太祖停灵的石房子

太祖没有留下继承皇位的遗诏，在皇太子耶律倍和皇次子耶律德光之间，述律平更倾向于耶律德光，想要立他为帝。回到了西楼都城之后，述律平命耶律德光与耶律倍一起乘马在宫帐前，对契丹诸酋长说："二子吾皆爱之，莫知所立，汝曹择可立者执其辔。"①契丹诸酋长争相为耶律德光执辔，表示愿意拥立兵马大元帅耶律德光。耶律德光举行了契丹传统的燔柴告天礼，正式继承皇位。

---

① ［宋］叶隆礼撰，贾敬颜、林荣贵点校：《契丹国志》卷2《太宗嗣圣皇帝上》，中华书局，2014年，第13页。

第四节　太宗南扩疆域称大辽

一、囊括燕云，分设陪部

太宗即位，天显元年（926年）扩建皇都城。天显三年（928年）十二月，耶律德光升东丹国的东平郡为辽国南京（今辽宁省辽阳市北），强行自天福城徙东丹国人民充实东平郡，天福城遂衰落。天显五年（930年），耶律倍因受德光猜忌，逃奔后唐，东丹国名存实亡。

耶律倍立木于海上，刻诗曰："小山压大山，大山全无力。羞见故乡人，从此投外国。"耶律倍到达后唐后受到了热情接待。后唐皇帝李嗣源以天子仪卫迎接耶律倍，并赐姓李。

天显十一年（936年），后唐河东节度使石敬瑭以称子、割让燕云十六州为条件，乞求耶律德光出兵助其反对后唐。耶律德光遂亲率五万骑兵，在晋阳城下击败后唐军，册立石敬瑭为后晋皇帝。大兵压境下，后唐皇帝李从珂派李彦绅杀害了耶律倍，耶律倍时年38岁。辽太宗把耶律倍改葬在了其生前喜爱的医巫闾山。

燕云十六州，是天津到山西大同一带，辽太宗获得燕云地区，使得辽国的疆域向南扩展到文化发达的农耕富庶地区。天显十三年即会同元年（938年）十一月改皇都城名称"上京"，府曰"临潢府"。把辽阳的"南京"改名为"东京"。幽州升为南京，俗称"燕京"，设立"南京幽都府"，成为陪都，1012年改号"析津府"，非亲王不得主之。燕京的设置，稳定了新国土的疆域。

《辽史·地理志》载："太宗援立晋，遣宰相冯道、刘昫等持节，具卤簿、法服至此，册上太宗及应天皇后尊号。太宗诏蕃部并依汉制，御开皇殿，辟承天门受礼，因改皇都为上京。"[①]考古发掘宫城南门承天门遗址，发现门的正中位置前有祭祀

---

① ［元］脱脱等撰：《辽史》卷37《地理志一》，中华书局，2016年，第498—499页。

坑，坑内有羊和犬的完整骨架，当时"辟承天门"时还举行了萨满教的奠基仪式，埋入羊和犬（图十二）①。

▲图十二　辽上京宫城为迎接晋使册封修建的承天门与祭祀坑

二、辽兵过黄河入开封

石敬瑭之所以能够篡夺后唐政权转而创建后晋，便是以燕云十六州为代价引得当时实力强劲的辽朝对他施以援手。石敬瑭在如愿登上皇位之后一直对辽朝唯命是从，而他自己更是在辽太宗耶律德光面前以"儿"自居。

会同四年（942年），后晋帝石敬瑭之子石重贵继位，对辽太宗拒不称臣。

辽太宗率领大军一路南下，会同九年（947年）后晋李守贞等将领向辽太宗投降，辽太宗俘获后晋二十万大军。攻破汴梁（开封）后，后晋石重贵被俘，后晋亡。耶律德光以中原皇帝的仪仗进入东京汴梁，在崇元殿接受百官朝贺。大同元年（947年）二月初一，耶律德光在东京皇宫下诏将国号"大契丹国"改为"大辽"，改会同十年为大同元年。

---

① 中国社会科学院考古研究所内蒙古第二工作队等：《内蒙古巴林左旗辽上京宫城南门遗址发掘简报》，《考古》2019年第5期。

三、献俘粟末水,更名混同江

《契丹国志·岁时杂记》"长白山条"载:"长白山,在冷山东南千余里,盖白衣观音所居。其山禽兽皆白,人不敢入,恐秽其间,以致蛇虺之害。黑水发源于此,旧云粟末河,太宗破晋,改为混同江。"①

"太宗破晋"指辽会同九年(946年),辽太宗亲征后晋,同年十二月攻陷后晋都城开封,灭亡了后晋政权。不过奇怪的是,当时辽太宗身在开封,为何要将千里之外的粟末水改名呢?

要解决这一疑问,不妨回顾一下《辽史》中关于太宗灭后晋前后的相关记载:

> (会同九年,946年)冬十一月戊子朔,进围镇州。……十二月丙寅,杜重威、李守贞、张彦泽等率所部二十万众来降。……壬申,解里等至汴,晋帝重贵素服拜命,与母李氏奉表请罪。……壬午,次赤冈。重贵举族出封丘门,稿索牵羊以待。上不忍临视,命改馆封禅寺。晋百官缟衣纱帽,俯伏待罪。……大同元年(947年)春正月丁亥朔,备法驾入汴,御崇元殿受百官贺。……辛卯,降重贵为崇禄大夫、检校太尉,封负义侯。……癸卯,遣赵莹、冯玉、李彦韬将三百骑送负义侯及其母李氏、太妃安氏、妻冯氏、弟重睿、子延煦、延宝等于黄龙府安置。……二月丁巳朔,建国号大辽,大赦,改元大同。……夏四月丙辰朔,发自汴州,以冯道、李崧、和凝、李澣、徐台符、张砺等从行②。

从中可知,大同元年正月辽太宗灭后晋进入汴京城,降后晋出帝为负义侯,立刻遣往偏僻的黄龙府城。

辽太祖病逝于黄龙府城西南,后在其行宫大帐处建升天殿。辽太宗将晋出帝押解到遥远的黄龙府,目的是赴升天殿告庙。太祖阿保机先征服西北草原诸部,然后东征灭掉强大的渤海国,巩固了北方,下一步就是向南扩张获得关南富庶的土地。辽太宗用武力征服后晋,于947年春入主后晋都城开封,大赦天下,建国号为大辽,并改年

---

① [宋]叶隆礼撰,贾敬颜、林荣贵点校:《契丹国志》卷27《岁时杂记》,中华书局,2014年,第286页。

② [元]脱脱等撰:《辽史》卷4《太宗下》,中华书局,2016年,第62—64页。

号为大同，实现了阿保机建立帝国的夙愿。所以辽太宗把晋出帝迁到黄龙府，既有防止他东山再起之意，也是让晋出帝到粟末河畔的升天殿告庙，告慰其父太祖之灵，完成了统一大业，并将其安置在偏远的黄龙府之地。

粟末河，《魏书·勿吉传》又作"速末水"[①]，与汉语"速没"谐音，听之有"迅速没落"之嫌疑，这与建立帝国之时企盼国运隆盛的愿望相背。因此，辽太宗下诏改粟末河为混同江，寓意四海归一，天下混同，与后来颁布的"大同"年号寓意相同。这样，就变成遣负义侯到混同江黄龙府升天殿告庙[②]。

四、放弃开封，回师病逝栾城外

耶律德光未能及时治理各个州、镇、县城，导致各地被起义军快速占领，加快了溃败的局势。契丹军队没有军饷，全部依靠打草谷（抢劫）的收入。占领开封之后，契丹军队四处出击，开封、许昌、洛阳、郑州等地区受灾严重。契丹军队的种种暴行，激起了中原百姓的反抗，出现了很多起义军。百姓们开始袭击契丹军队，整个河北地区都在反抗与起义，远在开封的辽太宗大军后勤已出现问题。作为绝对独立势力的太原统治者刘知远，此刻拒绝承认辽太宗为皇帝。947年二月，刘知远宣布自立为帝，建立新王朝——后汉。因不满契丹残暴统治，各方势力开始聚集在刘知远旗下。辽太宗此刻如果还待在开封，极有可能被刘知远困死在中原，所以辽太宗开始撤退。辽大同元年，辽太宗耶律德光灭后晋，遂将"晋诸司僚吏、嫔御、宦寺、方技、百工、图籍……悉送上京"[③]。

辽太宗占领开封仅三个月，就带着抢来的财富向北撤退，在到达河北栾城（今河北省石家庄市栾城区）时，辽太宗病逝，享年46岁，葬怀陵。

耶律倍之子永康王耶律阮随军出征，于太宗枢前被大将拥立即位，是为辽世宗。应天皇太后欲立三子耶律李胡为帝，率军与辽世宗对峙，展开了王位争夺。最后二者

---

① ［北齐］魏收撰：《魏书》卷100《勿吉传》："（勿吉）国有大水，阔三里余，名速末水。"

② 冯恩学、赵东海：《扶余府城与黄龙府城城址变迁考》，《中国历史地理论丛》2022年第3期。

③ ［元］脱脱等撰：《辽史》卷4《太宗下》，中华书局，2016年，第64页。

达成横渡之约，皇太后承认世宗即位的合法性，和平解决矛盾，避免了军事纷争。随后辽世宗囚禁应天皇太后与李胡于祖州，为辽太祖守陵思过。

晋出帝石重贵一行被押解，先到北镇的东丹王之陵墓进行祭拜，继续东行过辽阳城时，因为辽太宗突然病逝，辽应天皇太后下诏停止前行，改道北上怀州，欲给辽太宗守陵。随后辽世宗又命令已经过辽阳城二百里的晋出帝折返辽阳暂居。晋出帝实际上没有到达黄龙府。之后，晋出帝向世宗请求到建州城外安居种田，自给自足，经世宗同意后迁往建州。后在辽宁省朝阳县发现了晋出帝和李太后等人的墓志①。

第五节　萧太后澶渊之盟定疆界

一、皇权不稳，帝系左右摇摆

辽世宗耶律阮登基后追封其父耶律倍为"让国皇帝"，医巫闾山的耶律倍墓为"显陵"。

天禄五年（951年）九月，辽世宗应北汉皇帝刘崇的请求，率军伐后周，至归化州祥古山（今河北宣化境），祭父亡灵，酒醉，耶律察割等冲入内帐，杀死了耶律阮，史称"火神淀之乱"。耶律阮谥号孝和皇帝，庙号世宗，葬显陵之西山。

辽太宗耶律德光长子耶律璟，随世宗出征，平定"火神淀之乱"后，被拥立为皇帝。群臣上尊号为天顺皇帝，改元应历，是为辽穆宗，使得帝位再次回归辽太宗一脉。

应历九年（959年）四月，后周皇帝柴荣亲率诸军北伐契丹。辽穆宗沉湎游猎，没有重视。辽宁州刺史王洪以城降。之后，柴荣领兵水陆俱下，益津关（今河北省霸

---

① 杜晓红、李宇峰：《辽宁朝阳县发现辽代后晋李太后、安太妃墓志》，《边疆考古研究》（第16辑），科学出版社，2016年，第61—68页。

州市境内）、瓦桥关（今河北省保定市雄县西南）降。辽莫州（今河北省任丘市北）刺史刘楚信举州投降。五月，瀛州（今河北省河间市）、易州（今河北省易县）被后周夺取。同月，后周以瓦桥关设置雄州、益津关设置霸州。先锋都指挥使张藏英在瓦桥关北破辽骑兵数百人，攻下固安县。后周出师连收三关三州，共十七县。因后周主柴荣病重而撤军。

辽穆宗虽为人暴虐，但能做到"上不及大臣，下不及百姓"，曾多次下诏减免赋税、礼敬臣下，客观上促进了国内经济发展。但他对近侍则极端残忍，常滥刑滥杀。在位后期，因疾恙缠身而酗酒荒政。

辽应历十九年（969年）二月，辽穆宗带着萧思温等亲信大臣前往黑山（今内蒙古巴林右旗岗根苏木境内）打猎。入夜，喝醉酒的辽穆宗被不堪虐待的近侍们刺杀。萧思温封锁消息，协助与自己来往甚密的耶律贤（辽世宗耶律阮的次子）登上皇位，是为辽景宗。皇帝世系回归到耶律倍一系。

二、澶渊之盟锚定百年和平

辽景宗晋封萧思温为北院枢密使、北府宰相、尚书令、魏王，并且征召他的女儿萧绰（小字燕燕）入宫。两个月后，萧绰被正式册封为皇后。景宗身体多病，朝政交给萧皇后处理。《辽史·后妃传》所言："辽以鞍马为家，后妃往往长于射御，军旅田猎，未尝不从。如应天之奋击室韦，承天之御戎澶渊，仁懿之亲破重元，古所未有，亦其俗也。"[①]萧绰在一系列政治活动中展现了治国才华，辽国进入盛世。

辽景宗病危，国政托付顾命大臣韩德让与耶律斜轸。承天皇后萧绰与韩德让密议，随机应变，剥夺了觊觎皇位的诸侯兵权，立12岁的梁王隆绪为皇帝，是为辽圣宗。圣宗尊其生母萧绰为皇太后，摄国政。韩德让以拥立之功总理宿卫事，参决大政。

萧太后为笼络韩德让，使其成为自己的得力助手，私下对韩德让说："吾常许嫁子，愿谐旧好，则幼主当国，亦汝子也。"[②]从此，韩德让处于监国地位。统和元年（983年），萧太后在韩德让的支持下实行汉法，加封韩德让开府仪同三司，兼政事令。

北宋建立之后，夺取燕云十六州是宋太祖的最大心愿。为了实现这一夙愿，他设

---

① ［元］脱脱等撰：《辽史》卷71《后妃传》，中华书局，2016年，第1329页。

② ［宋］江少虞辑：《皇朝类苑》卷77《契丹》，日本元和七年活字印本，第1791页。

立了封桩库，积存每年的财政盈余，想要蓄满三五百万后与契丹换取燕云十六州的土地和人口。如果契丹同意，这些财富就交出去；如果不同意，则散尽千金，招募勇士，以二十匹绢的价钱换一个辽兵首级。宋太祖时代，中原尚未完全平定，宋朝决定先南后北逐渐统一，故宋辽之间并无战事。

宋太宗两次出兵攻打辽朝，其目的是收复燕云十六州。燕云十六州是指以今北京、山西大同两地为中心的十六州，长期以来都处于中原政权的管辖范围之内。但是在五代十国的时候，燕云十六州却被石敬瑭拱手让给了契丹人所建立的辽朝。宋太宗伐辽遭受了两次重大的失败。第一次是太平兴国四年（979年），宋太宗攻灭北汉后挟战胜之余威，企图北上夺取燕云十六州。宋军没有经过充分准备和周密部署，仓促上阵，围辽军于城中，却没能做好围城打援的准备，遭到了辽朝援军数路夹攻，以至于高梁河一战，宋军一溃千里，宋太宗本人也身中两箭仓皇奔逃。第二次是雍熙三年（986年）正月，宋太宗决定再次大举北征辽国，史称"雍熙北伐"，宋太宗并未亲征，而是用阵图遥控指挥三路大军北征。辽圣宗和母亲承天太后则亲自领兵南下，辽朝名将耶律休哥领兵在岐沟关与宋军展开大战，宋东路军惨败。西路军杨业因为监军王侁相逼而与辽军正面对抗，又因主将潘美和王侁的接应军队失约退走而陷入孤军奋战的境地，最终被俘，雍熙北征宣告失败。

辽圣宗统和二十二年（宋真宗景德元年，1004年）深秋闰九月，以收复失地关隘为名，萧太后带领辽圣宗耶律隆绪、韩德让，率二十万辽国精锐部队南征北宋。

辽军攻到了澶州（今河南省濮阳市），兵锋再次逼近黄河南岸的北宋都城开封城。北宋朝廷震惊，警报一夜五次传到汴京，赵恒问计于群臣。宰相王钦若、陈尧叟主张逃离汴京以避兵锋，宋真宗犹豫不决，在名相寇准力主下，宋真宗前往澶州御驾督战。到了韦城（今河南省滑县东南），赵恒听说辽兵势大，又想退兵。寇准说，情况危急，只能前进一尺，不能后退一寸。

辽朝统军萧挞凛恃勇，率数十轻骑在澶州城下巡视，被伏弩射杀，头部中箭坠马。辽军士气受挫，萧太后等人闻挞凛死，痛哭不已，为之"辍朝五日"。《辽史》载："将与宋战，挞凛中弩，我兵失倚，和议始定。或者天厌其乱，使南北之民休息者耶！"萧太后听从降将王继忠的建议，派人赴澶州转达了自己罢兵息战的愿望。

宋真宗赵恒原本就没有宋太祖、太宗收复燕云的宏大志向，议和正是宋真宗的内心所想，所以当即回信，表示宋朝也不喜欢穷兵黩武，愿与契丹达成和解。不听主战派之言，选派曹利用作为使臣与契丹洽谈议和，临行前告知曹利用必须不割地，这是底线。

谈判特使曹利用抱着"傥得奉君命，虽死无所避"①的态度，持节入险境。曹利用到辽军大帐地，被引入辽军指挥中心的大帐营地。他回忆，萧太后和韩德让"偶坐"在驼车上。骆驼驾的大型篷车，是契丹主要出行车辆，在辽墓壁画中经常出现。高等级的驼车车棚做成庑殿顶，库伦一号大墓墓主壁画的车辕头是螭龙之首（图十三）。按照华夏礼制，尽管驼车棚空间有限，韩德让作为臣子，无论如何是不能和皇太后萧燕燕"偶坐"的，这是萧太后特许安排，显示韩德让在重大决策中的作用和他的特殊地位。

▲图十三　库伦一号墓墓道南壁壁画中停放的驼车

契丹游牧，习惯席地而食。行军打仗，未携带高桌，为了表示诚意和对来使的尊重，萧太后让人在车辀上放置一块横板，成为临时的高级餐桌，板上摆放餐具，请曹利用一同饮食，而随从官吏则分两排陪坐。餐后，议论割关南地的事，曹利用拒绝了萧太后的要求。

辽国派官员韩杞与曹利用同来宋廷商议，试探宋真宗态度，宋真宗态度坚决，不同意割地，寇准和真宗授意曹利用以纳银30万两为限，不得超过此限。曹利用奉命再次出使辽国，与萧太后等谈判，坚持不割地的底线，滔滔雄辩，进退有度，最后达成盟约。辽宋约为兄弟

---

① ［宋］王偁撰：《东都事略》卷50《列传三十三》，齐鲁书社，2000年，第394页。

之国，宋每年送给辽岁币银10万两、绢20万匹，宋辽以白沟河为边界，双边开展榷场贸易。

澶渊之盟结束了宋辽长达25年的战争状态，进入睦邻友好相处阶段，此后宋辽两国百年间不再有大规模的战事，礼尚往来，通使殷勤，双方互使共达380次之多。辽国和北宋都进入经济文化繁荣的鼎盛时期。

第二章

春捺钵地域变迁

第一节　辽早期的春捺钵地域

一、四时捺钵

契丹属于游牧民族，驱赶羊群、追逐水草、轮换牧场是其固有的生活方式。2006年赤峰市克什腾克旗二八地辽墓中发现一具壁画石棺，石棺质地为花岗岩，石棺内壁涂有一层白灰面，其上有壁画。右壁为契丹游牧图，契丹人头戴皮帽，身穿开襟短袄，持鞭子赶放马牛羊组成的牧群。远处有山，近处是沙丘。画作描绘了契丹人夏季放牧的情景（图十四）。左壁绘契丹驻地小景图，一棵树下三顶帐篷一字排开，前部有三辆棚顶车，车旁有两位女子背负盘口瓶吃力地向帐篷走去，一条大犬在前头领路[①]。

▲图十四　二八地一号辽墓石棺画中的契丹游牧生活场景

---

① 项春松：《克什克腾旗二八地一、二号辽墓》，《内蒙古文物考古》1984年第3期。

契丹狩猎场景也可以从流传下来的诗歌中得见。

契丹风土歌

佚　名

契丹家住云沙中，耆车如水马若龙。

春来草色一万里，芍药牡丹相间红。

大胡牵车小胡舞，弹胡琵琶调胡女。

一春浪荡不归家，自有穹庐障风雨。

平沙软草天鹅肥，胡儿千骑晓打围。

皂旗低昂围渐急，惊作羊角凌空飞。

海东健鹘健如许，韛上风生看一举。

万里追奔未可知，划见纷纷落毛羽。

平章俊味天下无，年年海上驱群胡。

一鹅先得金百两，天使走送贤王庐。

天鹅之飞铁为翼，射生小儿空看得。

腹中惊怪有新姜，元是江南经宿食。

出　山

苏　辙

燕疆不过古北阙，连山渐少多平田。

奚人自作草屋住，契丹骈车依水泉。

橐驼羊马散川谷，草枯水尽时一迁。

汉人何年被流徙，衣服渐变存语言。

力耕分获世为客，赋役稀少聊偷安。

汉奚单弱契丹横，目视汉使心凄然。

石瑭窃位不传子，遗患燕蓟逾百年。

仰头呼天问何罪，自恨远祖从禄山。

观北人围猎

苏　颂

莽莽寒郊昼起尘，翩翩戎骑小围分。

引弓上下人鸣镝，罗草纵横兽轶群。

画马今无胡待诏，射雕犹惧李将军。

山川自是从禽地，一眼平芜接暮云。

辽太祖建国后仍然遵循旧俗，四季在不同区域进行渔猎。契丹语把辽代皇帝四季行营称为捺钵。北宋庞元英所撰《文昌杂录》载："北人谓住坐处曰捺钵，四时皆然，如春捺钵之类是也，不晓其义。近者彼国中书舍人王师儒来修祭奠，余充接伴使，因以问，师儒答云：'是契丹家语，犹言行在也'。"①

《辽史·营卫志中》记载四时捺钵："辽国尽有大漠，浸包长城之境，因宜为治。秋冬违寒，春夏避暑，随水草就畋渔，岁以为常。四时各有行在之所，谓之'捺钵'。"②

《辽史·营卫志上》："有辽始大，设制尤密。居有宫卫，谓之斡鲁朵；出有行营，谓之捺钵；分镇边圉，谓之部族。有事则以攻战为务，闲暇则以畋渔为生。无日不营，无在不卫。立国规模，莫重于此。"③

辽太祖阿保机四时捺钵，在四处区域内修建了高耸的建筑，成为太祖四时捺钵地域的标志。

《新五代史·四夷附录一》载："（阿保机）以其所居为上京，起楼其间，号西楼，又于其东千里起东楼，北三百里起北楼，南木叶山起南楼，往来射猎四楼之间。"④《辽史》载："辽有四楼：在上京者曰西楼，木叶山曰南楼，龙化州曰东楼，唐州曰北楼。岁时游猎，常在四楼间。"⑤《契丹国志》的记载大体与此相同。

---

① ［宋］庞元英撰：《文昌杂录》卷6，中华书局，1985年，第61页。

② ［元］脱脱等撰：《辽史》卷32《营卫志中》，中华书局，2016年，第423页。

③ ［元］脱脱等撰：《辽史》卷31《营卫志上》，中华书局，2016年，第409—410页。

④ ［宋］欧阳修撰：《新五代史》卷72《四夷附录第一》，中华书局，2015年，第1004页。

⑤ ［元］脱脱等撰：《辽史》卷116《国语解第四十六》，中华书局，2016年，第1691页。

四楼是否有建筑？主要有两种观点。第一种观点认为确实有建筑，法国神甫闵宣化[①]、王树民[②]、葛华廷[③]、陈晓伟[④]力主此说。第二种观点则否认四楼为实体建筑，具体又可分为西楼迭剌说暨四楼附益说[⑤]、斡鲁朵说[⑥]和龙城（撑犁）说[⑦]。

《辽史·食货志下》记载："祖宗旧制，常选南征马数万匹，牧于雄、霸、清、沧间，以备燕、云缓急；复选数万，给四时游畋；余则分地以牧。"[⑧]表明牧养的马除了军事战争需要外，主要就是四时捺钵的需要。"复选数万，给四时游畋"，可见辽代皇帝四时捺钵队伍之庞大。

二、早期春捺钵地域

辽在澶渊之盟以前，四时捺钵的地域是在辽西地区，春捺钵地域也在辽西。

《辽史》本纪中关于辽帝春捺钵地点的记载大体如下：

（天显三年）二月，辛长泺。己亥，惕隐涅里衮进白狼。辛丑，达卢古来贡。

三月乙卯，东。癸亥，猎圉山。乙丑，猎松山。

（会同）二年三月，畋于潭之侧。

大同五年春正月癸亥朔，如百泉湖。

---

① ［法］闵宣化著，冯承钧译：《东蒙古国辽代旧城探考记（外二种）》，中华书局，2004年，第25—26页。

② 王树民：《略论契丹建国初期营建的四楼》，《文史》（第16辑），1980年。

③ 葛华廷：《辽代四楼研究》《北方文物》2008年第4期。

④ 陈晓伟：《捺钵与行国政治中心论——辽初"四楼"问题真相发覆》，《历史研究》2016年第6期。

⑤ 陈述：《阿保机营建四楼说证误》，《契丹社会经济史稿》，三联书店，1963年。

⑥ 任爱君：《契丹"四楼"及其名号考述》，《昭乌达蒙族师专学报》1989年第3期；苏赫：《说北方民族的斡鲁朵习俗》，《昭乌达蒙族师专学报》1999年第5期；任爱君：《契丹四楼源流说》，《历史研究》1996年第6期。

⑦ 杨军：《契丹"四楼"别议》，《历史研究》2010年第4期。

⑧ ［元］脱脱等撰：《辽史》卷60《食货下》，中华书局，2016年，第1034页。

应历九年春正月戊辰，驻跸潢河。

十八年三月甲申朔，如潢河。乙酉，获鹅，祭天地。造大酒器，刻为鹿文，名曰"鹿瓶"，贮酒以祭天。

保宁二年春正月丁未，如潢河。

（统和）二年春正月甲子，如长泺。

三年春正月丙午朔，如长泺。

四年春正月甲戌，观渔土河。正月甲午，幸长泺。

土河是今老哈河，长泺应该是土河附近的大湖。潢河是西拉木伦河。潢河与土河及周边的大型湖泊是澶渊之盟之前的皇帝春捺钵传统的地域。太宗把燕云十六州纳入辽土，四时捺钵的地域也在扩大。偶尔也会到远处捺钵，但是圣宗之前，主要的四时捺钵之地是辽西契丹老家世居之地。

第二节　圣宗朝开启新地域

澶渊之盟后，辽圣宗做了两件影响深远的大事。第一件事，修建新的都城——统和二十五年（1007年）正月，在老哈河畔的原奚王领地内修建辽中京城。第二件事是把春捺钵之地转移到吉林西部的松嫩交汇处。

一、燕云地区的春捺钵地域

大约从统和五年开始，圣宗主要到南京的延芳淀进行春捺钵。《辽史·地理志四》于南京道析津府漷阴县下记载："延芳淀方数百里，春时鹅鹜所聚，夏秋多菱芡。"在延芳淀还修建了行宫长春宫。统和七年"是春，驻跸延芳淀"。之后的统和十二年、十三年、十五年、十八年、二十年，春捺钵都是到延芳淀。延芳淀是南京幽州地区的大湖，地点在通州。据《辽史·圣宗本纪》记载：统和五年（987年）"三月癸亥朔，幸长春宫，赏花钓鱼，以牡丹遍赐近臣，欢宴累日"。统和十二年（994年）"三月壬申，如长春宫观牡丹""十七年春正月乙卯朔，如长春宫"。

西京大同辖域的春捺钵是张北的鸳鸯泺，即张北县城西的安固里淖尔。张家口是阴山山脉和燕山山脉的分界地，鸳鸯泺属于阴山北侧坝上高原最大的内陆湖，周回八十里，湖面常见鸳鸯而得名。辽朝赵延寿诗"黄沙风卷半空抛，云动阴山雪满郊。探水人回移帐就，射雕箭落著弓抄。鸟逢霜果饥还啄，马渡冰河渴自跑。占得高原肥草地，夜深生火折林梢"描写的就是这一带狩猎的景象。

统和"二十一年春正月，如鸳鸯泺""二十二年春正月丁亥，如鸳鸯泺""二十四年春正月，如鸳鸯泺"。《读史方舆纪要·直隶九·云州堡》："鸳鸯泊，（云州堡）堡西北百余里，周八十里，其水停积不流。自辽金以来，为飞放之所。宋宣和四年（1122年），金人自泽州袭辽主于鸳鸯泺，辽主走云中，五年，女真完颜旻至儒州，寻至鸳鸯泺，即此泽州。"

圣宗时期的早期，萧太后把春捺钵地域向南转移到燕京、张北，究其原因，可能有两个。

第一，加强南京的防务和管控。南京是辽朝最富庶、文化最发达的地区，所谓南京多财税官。南京又是受战争威胁最大的地区，地处与北宋交战区，是北宋收复燕云十六州最核心之地。

第二，延芳淀水域广阔，边长数百里，植被茂密，鹅鸭资源比辽西丰富，易于捕获。辽穆宗"（应历）十五年三月癸酉，近侍东儿进匕箸不时，手刃刺之。癸巳，虞人沙剌迭侦鹅失期，加炮烙、铁梳之刑而死"。这些作为穆宗残暴的典型案例被史官记录在案，同时也可以看出辽西天鹅资源少，才会有官员因为在规定时间内侦查不到天鹅集聚的地点而被酷刑处死。

二、回归老家春捺钵

统和四年（986年）春正月甲戌，观渔土河（辽西老哈河）。正月甲午，幸长泺。

统和二十三年（1005年）签订澶渊之盟，燕京地区的入侵威胁彻底解除。

统和二十六年（1008年），春捺钵回到辽西。"二十六年春二月，如长泺。"

统和二十七年（1009年）春正月，钓鱼土河。猎于瑞鹿原。

三、辽东地区的春捺钵

辽与高丽关系紧张，与高丽从辽统和二十八年（1010年）到辽开泰八年（1019年）断续攻战各有胜负，最后高丽求和，上表请称蕃纳贡，辽遂允其请。

这期间的每年春捺钵地点依次是开泰五年在萨堤泺，开泰六年在锥子河，开泰七年在达离山和浑河。前两处地点不明，浑河是东辽河支流。在辽东春捺钵，与加强对高丽边境地区的巡视有关。

开泰九年（1020年），春捺钵在张北草原上的鸳鸯淀。

太平元年（1021年），春捺钵在辽东的浑河。

四、松嫩交汇不再动

《辽史·圣宗纪》载："（太平）二年（1022年）春正月，如纳水钩鱼。二月辛丑朔，驻跸鱼儿泺。三月甲戌，如长春州。"[1]此后近一百年时间的春捺钵固定在吉林省西部的白城市和松原市境内的两江一河（松花江、嫩江、洮儿河）地区（图十五，表一）。

▲图十五　辽代皇帝春捺钵路线示意图

---

[1] ［元］脱脱等撰：《辽史》卷16《圣宗纪七》，中华书局，2016年，第212页。

表一 辽帝春捺钵的频次

天数范围	地点	次数	年份
3-10天 （共8次）	混同江	4	兴宗重熙十三年
			兴宗重熙十六年
			兴宗重熙二十三年
			道宗大康五年
	长春河	1	兴宗重熙二十三年
	长春州	1	兴宗重熙七年
	鱼儿泺	1	道宗大安四年
	大鱼泺	1	天祚帝天庆三年
11-20天 （共5次）	混同江	2	兴宗重熙八年
			道宗大安四年
	率没里河	1	兴宗重熙八年
	双子淀	1	兴宗重熙二十三年
	长春河	1	道宗寿隆三年
21-30天 （共12次）	鸭子河	4	圣宗太平四年
			道宗咸雍二年
			道宗咸雍三年
			天祚帝乾统十年
	混同江	4	兴宗重熙七年
			兴宗重熙十五年
			兴宗重熙二十四年
			天祚帝乾统三年
	长春河	2	道宗大康二年
			道宗大康十年
	鱼儿泺	2	兴宗重熙十六年
			道宗大安七年

续表

天数范围	地点	次数	年份
30天以上 （共20次）	混同江	8	圣宗太平五年
			圣宗太平八年
			兴宗重熙二十二年
			道宗大康八年
			道宗大安元年
			道宗大安二年
			道宗大安七年
			道宗寿隆元年
	鸭子河	5	道宗清宁三年
			道宗清宁四年
			道宗大康元年
			天祚帝乾统九年
			天祚帝天庆二年
	鱼儿泺	2	圣宗太平二年
			道宗寿隆四年
	长春河	2	兴宗重熙二十二年
			道宗大康四年
	山榆淀	1	道宗大安八年
	兀鲁馆冈	1	兴宗重熙十三年
	安流殿	1	道宗咸雍三年

　　根据考古调查和发掘成果，大致把辽代春捺钵巡游的地域圈出一个范围（图十六）。金朝皇帝早期的春捺钵地域仍以此为主要区域，又东扩大到拉林河，南扩到农安（济州）的菠萝泡（波罗泡）。

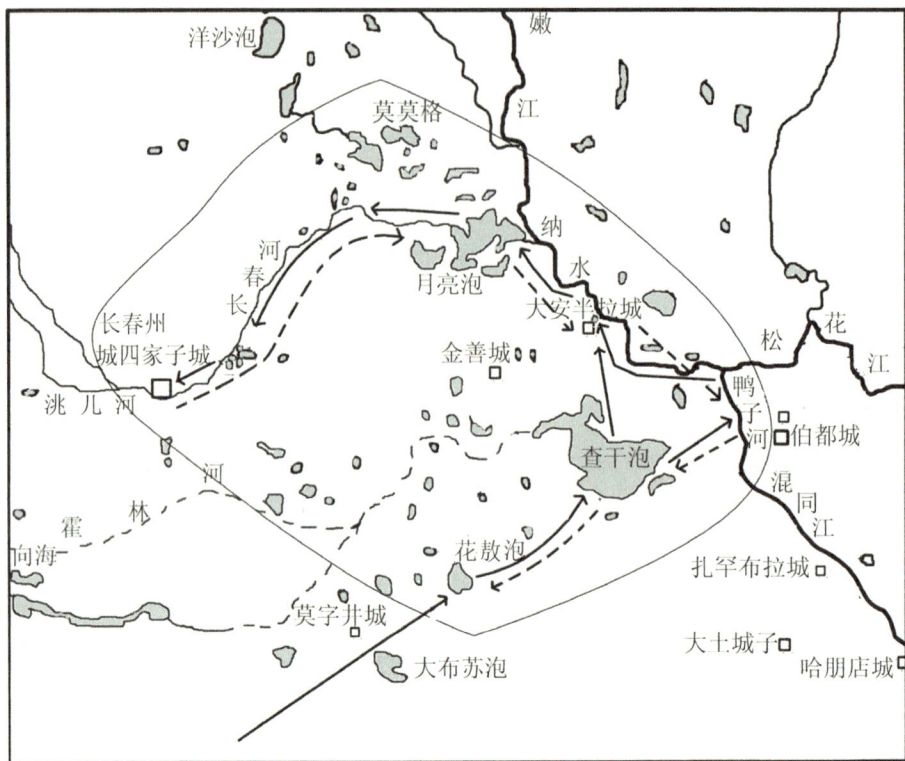

▲图十六 辽代春捺钵范围示意图

五、河泺名乱梳脉络

从辽代开始，各种史书对这一区域河流名称、湖泊的名称记载介绍混乱，金、元、明、清朝乃至今天的名称都是多名混叫，同一名称具体所指河段也不相同。这是其他地区水系名称变化史所罕见的。

为了使读者能简要明知大概，需要从语言学、史源学、历史学角度，使用考古学文化分析法，梳理一个演变脉络，廓清这一地区混乱名称的历史变化。

（一）同音变异的名称

对松花江名称演变研究贡献最大的是水利专家胡本荣等撰写的《松花江干流名称的历史演变和源头的变革》[①]，文中指出松花江曾有两源说，即嫩江和第二松花江

---

① 胡本荣、梁祯堂、谢永刚：《松花江干流名称的历史演变和源头的变革》，《水利水电技术》1996年第9期。

（即松花江北流段，"第二松花江"名称于1988年废止）都曾被认为是松花江的源头。嫩江自晋代以来有"捺水""难河""那河""脑温江"等名称，在蒙语中嫩、捺、难、那、脑温、恼木连等为"碧绿"之意，所以"嫩江从晋代的'捺水'到现代的'嫩江'也不属于河名变动，即为'碧绿之江'"。而松花江北流段自晋代以来有"速末水""粟末水""混同江""宋瓦江""松花江"等称呼。满语中，末为河、水，粟、速、宋瓦、松花为白色，所以除了辽代的松花江北流段改称"混同江"之外，"从晋代的'粟末'到金元的'宋瓦'、明清的'松花'，均属译音用字问题，不属河名改动，即松花江北流段为'白色之河'"。

该文从蒙语和满语寻解其意，阐明两江的名称虽繁杂多乱，其根源实为一名音变或用字不同，贡献甚大。

需要补充论证的是，史书最早出现的"那水""纳水""难水""难河"，应该是蒙古族的前身室韦人对松花江的称呼，嫩江上源到中游都是北朝到辽代室韦人世居之地。"脑温""恼木连""嫩江"是来源于蒙古语。那、难、脑、嫩，发音都是舌尖抵上颚发出的音。"速末""粟末""宋瓦""松花"发音都是舌根上挺，舌尖回收发出的音，是勿吉—靺鞨—女真—满族一系语音的称呼汉字译写。最早来源于勿吉语。清代满语称松花江为松阿哩乌拉，"乌拉"就是汉语的"江"，清代《吉林通志》卷22山川条，"国语（满语）天河也"。又云"今之松花、混同二名，实为上下游之通称。然取发源高远之意，则以长白山以下宜定名曰松花江"。

速末水之名最初是魏晋时期松花江干流的东流段，是勿吉国对境内松花江的称呼。最初出现在《魏书》中：

> 自和龙北二百余里有善玉山，山北行十三日至祁黎山，又北行七日至如洛环水，水广里余，又北行十五日至太鲁水，又东北行十八日到其国。国有大水，阔三里余，名速末水。其地下湿，筑城穴居，屋似形冢，开口于上，以梯出入……去延兴中，遣使乙力支朝献。太和初，又贡马五百匹。乙力支称：初发其国，乘船溯难河西上，至太泝河，沉船于水，南出陆行，渡洛孤水，从契丹西界达和龙。自云其国先破高句丽十落，密共百济谋从水道并力取高句丽，遣乙力支奉使大国，请其可否。诏敕三国同是藩附，宜共和顺，勿相侵扰。乙力支乃还。从其来道，取得本船，泛达其国。

这段文献记述了一条往来于和龙城（辽宁省朝阳市）和勿吉国的交通路线。从和龙城到勿吉国时，需经太鲁水，即洮儿河，再从洮儿河口顺水向东北行十五日到达穴居的勿吉国，可见勿吉国应该在松花江干流的下游地区。考古研究的文献中勿吉国对应的是靺鞨文化，分布地域以松花江、乌苏里江、黑龙江交汇的三江平原为中心。

公元4—5世纪，勿吉西逐扶余，占领了吉林市的松花江北流段，用"速末水"的名称指代吉林省江段，因为这与老家的"速末水"是同一条大河，而扶余国时期扶余人对这条大河的名称因史书失载而无名可考。居住在吉林市附近的勿吉人形成速末部，后来史书把勿吉改成靺鞨，粟末靺鞨强大起来，速末水、粟末水之名广为人知。

洮儿河，辽代称为挞鲁河，在不同文献中还有其他音近的名称。北朝时称其为"太鲁水""太㳛河"，唐代时称为"它漏河"，辽代除挞鲁河之外，还有"他鲁河""踏弩河"等称呼，《金史》中则称其为"达鲁古河"。这些名称发音相近，应是洮儿河流域当地土著人对同一条河流的俗称或河流名称的不同写法。

（二）Y形河段土名鸭子河

鸭子河是辽代出现的名称，金代还在使用，是当地土人对嫩江与松花江交汇口附近Y形河段的称呼，因为这一代河边野鸭子多。

《金史·纥石烈德传》记载："肇州围急，食且尽，有粮三百船在鸭子河，去州五里不能至。德乃浚濠增陴，筑甬道导濠水属之河。……渠成，船至城下，兵食足，围乃解。"[1]肇州即塔虎城，位于松原市前郭县八郎乡，西北距离大安市10千米。从文献看，塔虎城曾被围困，纥石烈德率众修水渠通鸭子河，粮船到达州城，围困方解。现今塔虎城城址东北仍能观察到一条沟渠遗迹，可证肇州城东北方向的嫩江段到金代仍称为鸭子河。

在春捺钵的诸水中，鸭子河具体所指河流段，目前学界争议较大，大约有以下五种观点。

1.仅指松花江干流的西段。如李健才在《松花江名称的演变》中认为："辽代的鸭子河指今第一松花江西段，而不是指今嫩江。辽代挞鲁河指洮儿河和嫩江下

---

[1] ［元］脱脱等撰：《金史》卷128《纥石烈德传》，中华书局，2020年，第2925页。

游。"①

2.仅指松花江北流段下游。如张英在《出河店与鸭子河北》中认为："鸭子河，主要指今松花江北流段中下游。河首，以辽宾州即今农安东北的伊通、饮马二水入松花江口处始；河尾，至与嫩江下游汇合地止，全程250华里。所谓'鸭子河北'，即指此松花江北流段下游而言，非是松花江东流段或嫩江下游段北岸。"②

3.指扶余县陶赖昭以下，到松花江干流上游。如《中国历史地图集·释文汇编·东北卷》中认为："鸭子河，今松花江自陶赖昭至启（按：肇之误笔）东县南一段，与嫩江与洮儿河河流合流以下段。"③

4.指洮儿河口以下嫩江、松花江干流上游、松花江北流段下游。如胡本荣、梁祯堂、谢永刚在《松花江干流名称的历史演变和源头的变革》一文中即持此观点④。

5.指洮儿河下游、嫩江下游、松花江干流西段、松花江北流段下游。如彭善国在《吉林前郭塔虎城为金代肇州新证》中认为："辽金鸭子河似不专指一水，今嫩江下游段，松花江吉林段下游、东流松花江的西段甚至洮儿河下游，都可称鸭子河。"⑤

（三）辽国官方改雅称

辽朝有两次皇帝下诏改河名。

第一次把粟末河改成混同江。《契丹国志》记载："长白山，在冷山东南千余里……黑水发源于此，旧云粟末河，太宗破晋，改为混同江。"《松漠纪闻》记载："契丹德光破晋（946年）改为混同江。"

第一次改名的原因据《松漠纪闻》载："其水掬之色微黑，契丹目为混同江。"这是洪皓望文生义的解释。《松漠纪闻》作者是南宋时期的洪皓，他是江西人，任礼部尚书时，出使金国，完颜希尹爱其才华并因其知晓南宋内幕，而将洪皓扣留在其家

① 李健才：《松花江名称的演变》，《学习与探索》1982年第2期。

② 张英：《出河店与鸭子河北》，《北方文物》1992年第1期。

③ 谭其骧主编：《中国历史地图集》释文汇编·东北卷，中央民族学院出版社，1988年，第182页。

④ 胡本荣、梁祯堂、谢永刚：《松花江干流名称的历史演变和源头的变革》，《水利水电技术》1996年第9期。

⑤ 彭善国：《吉林前郭塔虎城为金代肇州新证》，《社会科学战线》2015年第10期。

府纳里浑庄（吉林省舒兰市完颜希尹家族墓地南侧的小城子遗址）十五年，做完颜希尹子弟的教师和政事咨询者。洪皓回国后撰写了回忆录《松漠纪闻》，书中只知道辽太宗给粟末河改名，不知道为何改名，只能望文生义解释。笔者和学生以及学者们在讨论混同江名称来源时，有多种猜想。有人说是饮马河注入松花江，江水混同，饮马河口以下叫混同江；有人说与松花江汇合，从三岔河口以下松花江叫混同江。谷峤提出一条很有价值的意见，她说：我查史料，辽太宗破晋远在开封，战事那么忙，怎么能想到要给偏远边区的一条河改名？一定是粟末河发生了什么事，引起了辽太宗的注意，才改名的。这条意见对笔者启发很大。是啊，辽太宗耶律德光灭后晋，首次过黄河跃马开封，改元"会同"，为表天下混同的志向或纪念，应该把黄河改成混同江，或者把流进开封的汴河改名混同江，怎么能改粟末河之名？所以，应该并不是单纯为了纪念灭后晋的丰功伟绩而给粟末河改名。后来笔者和赵东海研究扶余府时，看到后晋皇帝被太宗下诏押解到黄龙府的史料，才把改河名与之联系起来，想到太祖的升天殿在速末水东岸，使得这一难题彻底解决了——答案是把"粟末河"（迅速没落之河）改成"混同江"（天下混同之江）。

松花江的女真居民不习惯"混同江"这个"高大上"的雅称，又不能叫朝廷感觉晦气的"速末水"，所以民间将对这条江的名称改为与靺鞨—女真语音接近的"宋瓦江"。

第二次，是太平四年（1024年），辽圣宗到此地春捺钵，"诏改鸭子河曰混同江，挞鲁河曰长春河"。此后的辽代文献中"鸭子河"和"挞鲁河"仍然大量存在，说明在改名之后，并没有禁止官民使用旧称。辽圣宗改难解其意的"挞鲁河"为雅称"长春河"，意在此河适合春捺钵，可以长期春猎之意。为何把"鸭子河"改为"混同江"，令混同江的范围扩大到嫩江末尾，造成混乱，则令人不解。胡本荣等人的论文将此解释为古人对松花江有南北两源的认识体现。

这就导致了"鸭子河"与"混同江"两个名并用的怪现象。辽朝末年的出河店之战，《辽史》和《金史》分别从辽朝和女真的角度进行了记载。《辽史》记为："引军出河店。两军对垒，女直潜渡混同江，掩击辽众。"《金史》记为辽朝的两位都统"将步骑十万于鸭子河北，太祖自将击之"。可见关于同一河流，两部史书用了两个名称。

（四）上下游名有延及

古人对河流名称的使用没有现代严谨，有时候，上游名称可以延及下游，下游名称可以延及上游。

《金史·世纪》记载："生女直地有混同江、长白山，混同江亦号黑龙江，所谓'白山、黑水'是也。"[1]这就是一个例子，因为混同江注入黑龙江，是黑龙江最大支流，则以下游之水"黑龙江"命名主要支流混同江为"黑龙江"。

《契丹国志》记载："长白山，在冷山东南千余里……黑水发源于此，旧云粟末河，太宗破晋，改为混同江。"这两条文献记载，反映了辽金人认为黑龙江发源于长白山，把松花江看作主源。现在确定的黑龙江的源头在蒙古国的克鲁伦河。

《金史·地理志》"肇州条"下"始兴县"载："始兴倚，与州同时置。有鸭子河、黑龙江。"[2]肇州是肇兴之地，始兴县名也是肇兴之意。始兴县倚肇州城（塔虎城），就是县治在肇州城内，始兴县境内有鸭子河和黑龙江，黑龙江应该是三岔河口处松花江由北向东的大转弯一带。

《辽史》"泛舟黑龙江"中的黑龙江是指三岔河口东侧捺钵区域的混同江段，并不是到现在的中俄界河的黑龙江行船。

（五）宋人记述有讹误

北宋曾公亮丁度的《武经总要》"蕃界有名山川"条载："鸭子河在大水泊之东，黄龙府之西，是雁鸣生育之处。大水泊周围三百里。"[3]鸭子河的位置很明确地定位在"大水泊"之东，"黄龙府"之西。按照《武经总要》所说"周围三百里"水域大小的规模衡量，大水泊应为今天的查干湖。从今天的松花江水域的河流分布图上看，大水泊（查干湖）之东的河流，从南到北既有松花江上游，也有与它汇合的嫩江。可见，据《武经总要》这条记载，嫩江与松花江上游汇合前的江段被称为鸭子河。而黄龙府的位置也是确定的，其治所在今吉林省的农安县城内。可是黄龙府（农安）之西没有大型河流，且农安县城与查干湖也并不在同一纬度上，在它们之间的相

---

① ［元］脱脱等撰：《金史》卷1《世纪》，中华书局，2020年，第2页。

② ［元］脱脱等撰：《金史》卷24《地理上》，中华书局，2020年，第59页。

③ ［宋］曾公亮撰：《武经总要》前集卷22，蕃界有名山川条，第1125页。

对中心点附近，也没有大型河流存在。相对位置记述存在明显错误，这是因为编辑者看到多条来自不同人的记载，又没有到过当地，对这里的河湖分布不了解而混编捏合造成的错乱。

《辽史·营卫志》："曰鸭子河泺。皇帝正月上旬起牙帐，约六十日方至。天鹅未至，卓帐冰上，凿冰取鱼。冰泮，乃纵鹰鹘捕鹅雁。晨出暮归，从事弋猎。鸭子河泺东西二十里，南北三十里，在长春州东北三十五里，四面皆沙坨，多榆柳杏林。"

长春州在城四家子古城已经得到考古确认，此附近百余里范围内没有大湖。长春州位于长春河畔，若有大湖应该叫长春湖才合适，鸭子河泺一定是位于鸭子河边的大湖，长春州城附近不可能有鸭子河泺。显然记述有错误。

鸭子河泺是春捺钵的主要春猎之地，《辽史》的皇帝生平的本纪内必然有记录，然而《辽史》皇帝的本纪各卷内，都没有出现"鸭子河泺"的名称，如何解释这种现象？

遇到这种情况，需要从史源学入手分析，才有走出迷茫的可能。元代同时编写《宋史》《辽史》和《金史》，辽朝禁止书籍流入宋地，导致元代修《辽史》时缺乏辽代遗留的文献，参考的是宋人撰写的资料。《辽史》本纪来自实录，辽祖陵出土的《太祖纪功碑》与《辽史本纪》的内容基本相符，证明本纪来自辽代的实录。而《营卫志》参考的资料来源复杂，宋人的笔记、传闻类是其来源之一。春捺钵是巡游状态，地点多变，把不同人参加或听到的一百余年的捺钵情况捏合混编在一起，就会出现错误。泺，就是湖泊，"鸭子河泺"本不是一个湖的真名，而是泛称，即鸭子河边的湖，是宋人讲述春捺钵故事时不知真名的替代用语，被元代修史者当作了一个大湖的名称。

（六）历史源胜长度源

古代传统认知和现代河源规则认知不同。大河源头往往在深山之内，跨区域分布，古代没有精确测量和踏查，就会把河的主源搞错，或两源认识同时存在。松花江的河源问题就是如此。

松花江与黑水之源，《契丹国志》和《金史》都认为起源于长白山，南源为主源。从嫩江河口的三岔口算起，南源长度939千米，北源（嫩江）长度1370千米。俄国人和日本人到东北后按照国际通行的以长度确定河流来源的理论，把嫩江认作松花江之源，这样就把三岔口之南的松花江，称为"第二松花江"[1]。

1988年2月25日，吉林省地名委员会、吉林省水利厅联合下发了《关于废止"第二松花江"名称恢复"松花江"名称的通知》（吉地字〔1988〕第2号）（以下简称《通知》），决定废止"第二松花江"名称，使用传统的"松花江"名称，把三岔河口以上的松花江江段称为松花江上游，把三岔河口以下的松花江江段称为松花江下游[2]。松花江只有一条河，不存在第二个松花江，其实质是恢复松花江历史上的南源之说。

黑龙江省水利专家和武汉水利电力大学的学者不同意吉林省地名委员会这样确定松花江河源，发表《松花江干流名称的历史演变和源头的变革》论文："仅从河流名称的历史演变是不能确定松花江源头的，松花江源头只能根据现代河流理论确定。""科学发展到今天，对嫩江和第二松花江的各参数已进行详细测量和计算，对河源的确定已有通用准则，即'河源唯远''河流唯长'，按照准则，嫩江是松花江的干流，其源头应为松花江的源头。"[3]

吉林省的历史考古学者，在放弃使用"第二松花江"名称之后，根据向北偏西流淌的方向采用"西流松花江""北流松花江""松花江北流段""松花江吉林段"等新名词。三岔河口以下的松花江向东流，"西流松花江""北流松花江"的名称仍然给人以有两条松花江的错觉。《通知》中的"松花江上游""松花江下游"的名称至今未见学者使用。从大的河流图形上观察，松花江从长白山出发，向北偏西到三岔河口转向东偏北，构成倒L形。用词比较："西流转东流"给人以倒V形的错觉，"北流转东流"符合松花江江道倒L形，因此使用"松花江北流段"名称比较贴切，不容易引起歧义。

无论古代还是现代，双河源认识的摇摆、俗雅名称的喜好，是名称之乱的真正根源。

---

① 胡本荣、梁祯堂、谢永刚：《松花江干流名称的历史演变和源头的变革》，《水利水电技术》1996年第9期。

② 王久宇：《混同江考述》，《黑龙江社会科学》2021年第5期。

③ 胡本荣、梁祯堂、谢永刚：《松花江干流名称的历史演变和源头的变革》，《水利水电技术》1996年第9期。

第三节 移民筑城建基地

一、强边重置黄龙府

扶余府城的黄龙府居民主要是渤海遗民，保宁七年（975年），黄龙府渤海裔卫将燕颇杀了都监张琚，起兵叛辽，黄龙府保持了近半个世纪的稳定局面被打破。辽廷随即派耶律曷里必率军前往镇压，尽管很快平定了叛乱，但辽景宗仍撤销了黄龙府建制，改黄龙府的首州龙州为通州，迁州治于今四平一带，并以燕颇余党千余户充之，具体地点目前无法确定。

辽圣宗为了加强未来春捺钵地区防务安全，应对崛起的女真人对边境的威胁，于开泰九年（1020年），迁通州城部分居民于东北的伊通河畔的农安，因为主体居民来自早期的黄龙府，所以府名仍称"黄龙府"，是为辽后期黄龙府。"以宗州、檀州汉户一千复置"，重新恢复龙州名和黄龙府建制①。

辽后期黄龙府还设置黄龙府兵马都部署司，统管军事。城址规模宏大，又迁入大量汉人，处于主干交通道的节点，很快发展成此地的"都会"之城。金天眷三年（1141年），改黄龙府为济州，彻底舍弃了黄龙府的称号。

黄龙府城遗迹仍在，被长春市农安县城叠压。农安古城平面呈平行四边形，方向195度。根据卫星照片估测，西墙长约1176米，北墙长约1174米，东墙长约1157米，南墙长约1150米，周长约4657米。

2017年农安古城街改造时，赵里萌采集到大量陶瓷标本，包括辽代篦点纹陶片、缸瓦窑化妆白瓷及龙泉务窑细白瓷，以及金代江官屯窑化妆白瓷、定窑白瓷、耀州窑

---

① 冯恩学、赵东海：《扶余府城与黄龙府城的城址变迁》，《中国历史地理论丛》2022年第3期。

青瓷，没有发现比辽代更早的遗物[1]，与文献记载的辽代中期始建吻合。

城外宝塔仍然矗立。农安辽塔为八角十三层实心密檐式砖塔，由座、身、刹三部分组成，通高44米。到1949年，此塔已剥落成两头尖中间粗的棒槌形了，塔身岌岌欲坠。20世纪50年代和80年代先后两次对此塔进行修缮（图十七）。1953年修缮过程中，考古工作者意外地在塔身十层中部发现一砖室天宫，室内完好地保存着释迦牟尼像，银牌、香炉、银盒、布包等珍贵遗物[2]。

二、富庶之地长春州

（一）"纳粮砖"证长春州

▲图十七　农安辽塔

（吉林大学考古学院赵里萌副教授提供）

城四家子古城位于吉林省白城市洮北区德顺蒙古族乡古城村。古城坐落在洮儿河北岸，平面呈平行四边形，西南部靠近河湾处向外凸出（现为城内村庄民居占据）。城址朝向东南，方向147度。据文物普查实测，周长为5748米，是吉林省最大的辽代城。夯筑城墙高大，底宽20—27米，均高5米，外设城壕两重。设角台、马面，马面残存约27座，城址开四门，东西门位置偏南。外设瓮城，北、东瓮城门右开，南瓮城门左开，西瓮城门直开（图十八）[3]。

2013—2016年发掘北门、城内建筑址、陶窑、街道及城北之外的墓葬。中轴线

---

① 赵里萌、武松、孟庆旭：《农安古城的调查及相关问题研究》，《边疆考古研究》（第31辑），科学出版社，2022年，第81—99页。

② 吉林省文物志编委会：《农安县文物志》，1987年，第147页。

③根据赵里萌博士论文插图修改而成，参见赵里萌：《中国东北地区辽金元城址的考古学研究》，吉林大学博士学位论文，2019年，第215页，图4—15。

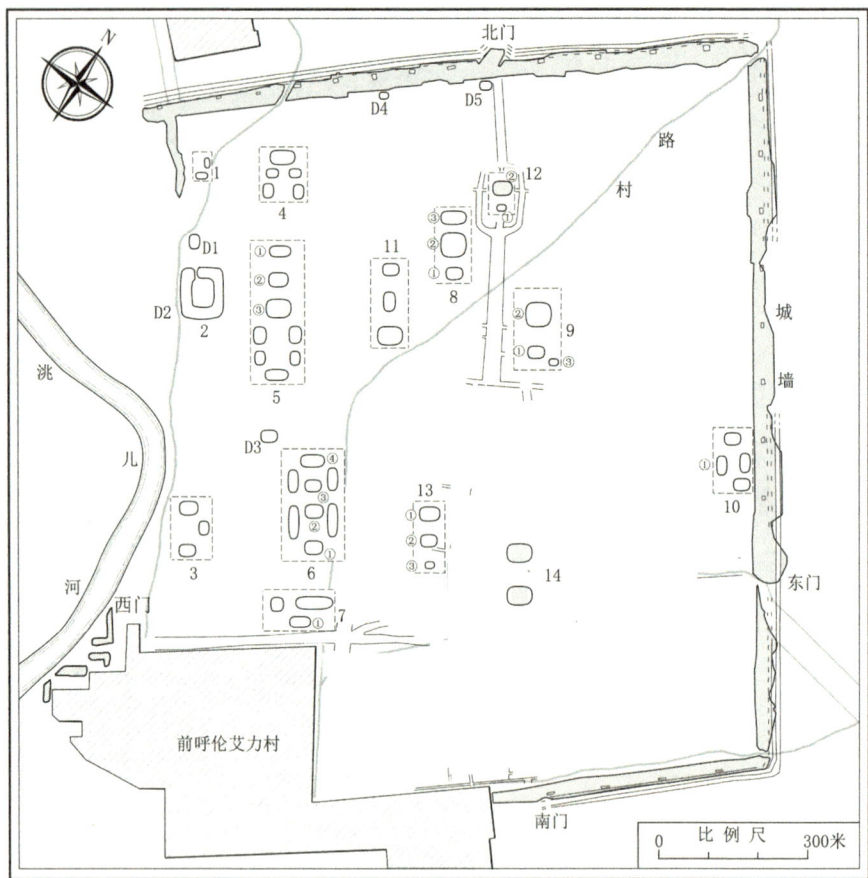

▲图十八 城四家子古城平面示意图

北部的土包，发掘确认有两层大型建筑遗址，下层建筑为辽代晚期佛寺大殿，出土王字兽面瓦当、几何纹条带滴水，出有带墨书"大安八年""大安九年"的瓦（图十九）。上层建筑年代为金代，出土龙纹瓦和龙纹鸱吻[1]。

辽圣宗时期开始把春捺钵地点转移并固定在洮儿河下游、松花江与嫩江交汇地带，兴宗时期建长春州。《辽史·本纪》载辽圣宗太平二年（1022年）如长春州。《辽史·兴宗一》载：辽兴宗重熙八年（1039年）十一月"己酉，城长春"[2]。《辽

---

① 吉林省文物考古研究所等：《吉林白城城四家子城址建筑台基发掘简报》，《文物》2016年第9期；梁会丽：《吉林白城城四家子城址出土文字瓦初步研究》，《文物》2020年第4期。

② ［元］脱脱等撰：《辽史》卷18《兴宗一》，中华书局，2016年，第250页。

1 2 3

▲ 图十九 长春州"兴教院"佛寺出土辽代遗物

1.纪年文字瓦 2.兽面瓦当 3.滴水

史·地理志一》记载："长春州，韶阳军，下，节度。本鸭子河春猎之地。兴宗重熙八年（1039年）置。隶延庆宫，兵事隶东北统军司。统县一：长春县。本混同江地。燕、蓟犯罪者流配于此。户二千。"[1]

城四家子古城为辽代长春州，城内还有长春县。金代早期为长春县，隶属肇州，后迁泰州至此。城内有辽帝行宫。

以往长期争论塔虎城、城四家子古城何为长春州，何为肇州。目前已能确定城四家子古城是辽代长春州和金代的泰州，推动其转变的动因是两次考古发掘和一块文字砖的出现。

长春州曾经长期以塔虎城说为主流。塔虎城位于松原市与大安市之间的前郭县八郎乡的嫩江南岸平地。平面方形，周长5213米，城墙高大雄伟。县级文物志记载城名"塔虎"是来自蒙语的"胖头鱼"，这一说法被广泛引用。其实蒙古语并没有这个意义，实乃误传。塔虎城东北角墙外有一塔基，至今清晰可见，塔虎城可能因为有塔基而得名。2000年因为修建从南向北穿过塔虎城的公路，吉林省文物考古研究所对公路占地线路进行了考古发掘，所出遗物基本上是金代的，彻底动摇了是辽代长春州的可能。金旭东在2003年发表的《吉林省文物考古的世纪回顾与展望》一文中指出："塔虎城遗址表明，此城始建于金代，为元代所沿用。这一发现对塔虎城属辽代长春州的

---

[1] ［元］脱脱等撰：《辽史》卷37《地理志一》，中华书局，2016年，第503页。

传统观点产生了巨大的冲击，并将由此重新审视吉林境内辽金古城地理研究的坐标体系。"①彭善国整理了发掘资料，撰写了发掘报告，依据塔虎城发掘资料，详细论证了塔虎城始建于金代，是金代肇州城②。

2007年6月城四家子古城内一农民在城内西南耕地时，发现一块金代粮仓铭文砖，砖镌刻5行字，其中第一行"寅字号窖一坐成黄粟二佰五十石"，第二行"系泰州长春县户百姓刘玮泰□"，第三行"元年正月卅日入中当该仓使王□□"（图二十）③。此铭文砖被城内农民犁地发现，转卖时被时任白城市博物馆馆长宋德辉得知，追及后收藏在白城市博物馆。宋德辉据此撰写《城四家子古城为辽代长春州金代新泰州》，城四家子古城是辽代长春州的观点得到普遍认可④。

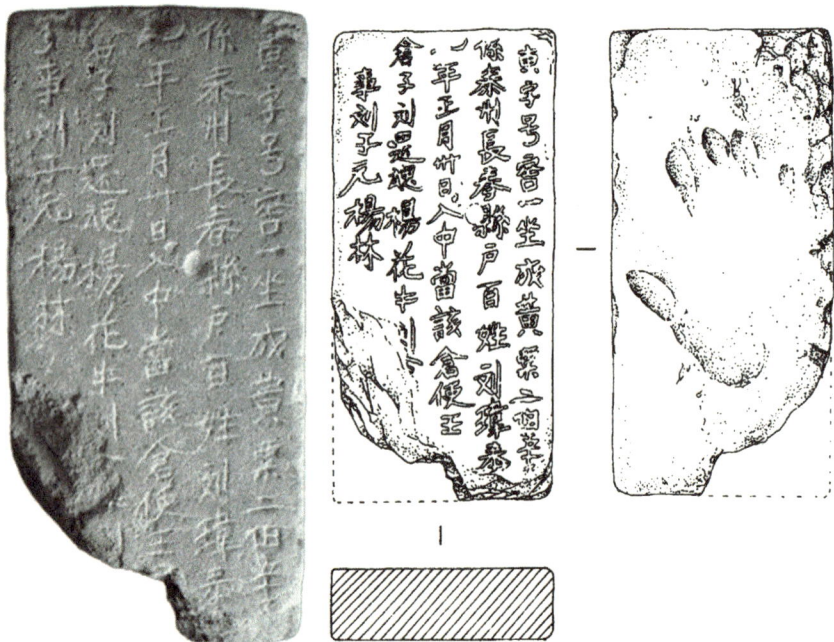

▲图二十　城四家子古城内出土金代铭文砖

①金旭东：《吉林省文物考古的世纪回顾与展望》，《考古》2003年第8期。

②彭善国：《吉林前郭塔虎城为金代肇州新证》，《社会科学战线》2015年第10期；彭善国：《前郭塔虎城的分期与年代——以2000年发掘资料为中心》，《边疆考古研究》（第18辑），科学出版社，2015年，第301—311页。

③吉林省文物考古研究所等编著：《白城城四家子城址——2013—2016年度田野考古报告》，科学出版社，2024年，第503—504页。

④宋德辉：《城四家子古城为辽代长春州金代新泰州》，《北方文物》2009年第2期。

2013年吉林省文物考古研究所开始连续发掘该城，城内中轴线北部土包发掘出土的板瓦上有"兴教院""大安八年""大安九年"铭文，发掘者梁会丽等得出"从建筑基址结构及出土器物来看，该城址应为辽代长春州、金代新泰州"[1]，城四家子古城是辽长春州基本论定。但是发掘者又提出"北城墙及城门的始建年代不早于辽晚期"，主要依据是城北门考古发掘探方内城墙主墙基槽出有兴教院基址所见的"王"字瓦当[2]。这个认识与辽长春州建城时间是辽代中期辽兴宗重熙八年（1039年）不符。赵里萌分析出土材料后认为主墙芯下面直接叠压在生土上，是辽代的城墙，拓宽部分是金代增筑，故其下有辽代晚期的瓦当残件[3]。

（二）城内行宫在哪里

城四家子古城内有行宫，辽帝在长春州附近的长春河内进行春猎活动时，有时入城居住。天祚帝东征女真到混同江边时，曾经一昼夜行军三百里，退守长春州。长春州东西两门靠近南墙，城内的皇帝行宫应该在四门十字交叉连线的最高土包位置，这个土包俗称"大土包"（图二十一）。

2020年，吉林大学考古学院"冰雪丝路"调查队对14号院落进行了勘探。发现有辽代的前后两处近似等大的建筑台基，分布方向和轴线都完全相同，疑似前后殿布局。台基东西长43米，南北宽25米（图二十二）[4]。

前台基外侧包砖保存状况不一，多在1—2米深发现包砖。以四角为例，东北角保存尤好，西南角破坏最为严重。值得注意的是，在台基南侧包砖中部，发现有宽约4米的以砖石铺就的类似于台阶的遗存，因靠近现代道路，未进一步向南勘探，已探明长度约5米。台基内部均发现夯土迹象，多在0.7—1米间显露，夯土厚度约5—6米，但整体不够致密，似仅经简单夯打。夯土呈黄褐色，部分夹杂灰土。生土距地表深度

① 梁会丽：《城四家子城址的考古工作与认识》，《北方文物》2019年第4期。

② 吉林省文物考古研究所等：《吉林白城城四家子城址建筑台基发掘简报》，《文物》2016年第9期。

③ 赵里萌：《中国东北地区辽金元城址的考古学研究》，吉林大学博士学位论文，2019年，第213页。

④ 刘一凝：《洮儿河沿岸城址 2020—2021年调查资料研究》，图2.28，吉林大学硕士学位论文，2022年。

▲图二十一　城四家子古城"大土包"（编号14号院落）远眺（自北向南拍摄）

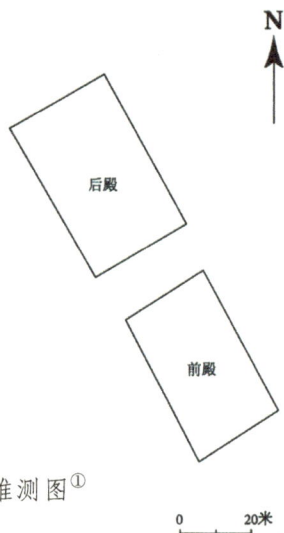

▶图二十二　14号院落平面推测图①

①刘一凝：《洮儿河沿岸城址2020—2021年调查资料研究》，图2.28，吉林大学硕士学位论文，2022年。

多集中于6—7米之间，最深处约7.5米。台基外钻探后多发现有黑土层，深度不一，表明该处建筑曾经过火烧。在钻探的建筑台基西北角，下挖探查，可以看到夯土台基转角，外侧包砖，证明钻探结果是正确的（图二十三）。

▲图二十三　14号院落前台基东北角试掘照片

白城博物馆工作人员曾经在大土台子上发现过龙纹瓦当，2013年5月吉林省文物考古所调查时又在大土台子的中轴线东侧采集到两片龙纹瓦残片。瓦当表面沾满白灰，瓦当龙纹前肢和肘毛明显，由于瓦当过小，龙纹确定不了是辽代还是金代风格。笔者到城四家子古城参观发掘时拍摄了照片（图二十四）。夯土台基高5—6米，非常高大雄伟，生土层起建，应该是辽代行宫所在。凭借这些零散的信息数据还无法确定行宫的真实面貌，期待未来的发掘能够揭开谜底。

▲图二十四　大土台（"行宫"，14号院）采集的龙纹瓦当（2013年5月）

（三）丝路延伸到白城

长春州地域广阔，向东直达松花江、嫩江西岸，人口集聚，燕京一带工匠也被以流放等名义迁徙到长春州，皇帝一年一度的春捺钵很快带动经济走向繁荣。繁荣的长春州也为庞大的春捺钵队伍提供了后勤支持。长春州城内还设置了东北路统军司。长春州成为春捺钵地域内的经济和军事中心。

草原丝绸之路东端是辽上京和辽中京。随着长春州日渐发达，草原丝绸之路向东延伸到白城地区。在城四家子古城发现有九子棋盘、青金石、十字架等遗物，是草原丝路域外文化传播到长春州地域的重要证据（图二十五）[①]。

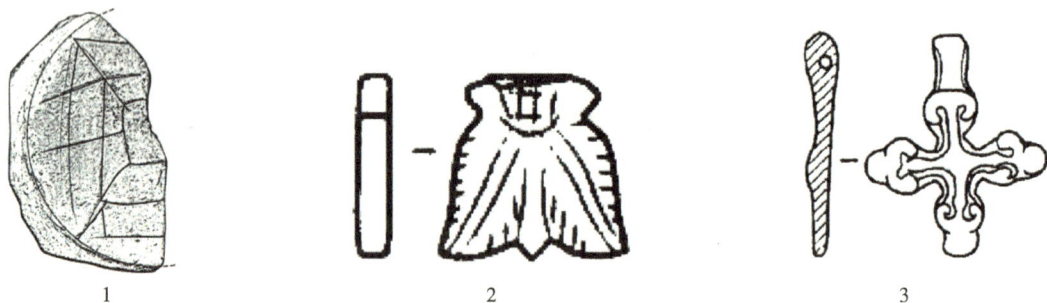

▲图二十五　城四家子古城发现的九子棋盘、青金石饰件和十字架

1.九子棋盘　2.青金石饰件　3.十字架

三、宁江州开设榷场

（一）伯都城外大榷场

春捺钵活动区域不仅在长春州境内，还在宁江州境内。南宋洪皓滞留《松漠纪闻》："宁江州去冷山百七十里。""每春冰始泮，辽主必至其地，凿冰钓鱼，放弋为乐。"[②]

《辽史·地理志二》载："宁江州，混同军，观察。清宁中置。初防御，后升。

---

① 赵里萌等：《记城四家子古城流散文物》，《辽金历史与考古》（第八辑），科学出版社，2017年，第223—238页。

② ［宋］洪皓撰，翟立伟标注：《松漠纪闻》，吉林文史出版社，1986年，第26页。

兵事属东北统军司。统县一：混同县。"①宁江州城是辽道宗修建的州城，考古已经确认该城址是伯都古城②。

伯都古城位于吉林省松原市宁江区伯都乡政府所在地东南约200米，西距北流松花江约5千米，北距东流松花江17千米，西北距离塔虎城40千米。古城所在地势较为平坦，为松花江二级阶地。古城平面呈方形，基本正南北方向（图二十六），城墙夯土版筑，周长约3205米，其中东墙基宽约14—16米、上宽3—4米。

《契丹国志》载："先是，（宁江）州有榷场，女真以北珠、人参、生金、松实、白附子、蜜蜡、麻布之类为市，州人低其直，且拘辱之，谓之'打女真'。"③伯都城外之西侧有一夯土台基（图二十七），是榷场管理机构的建筑基础。

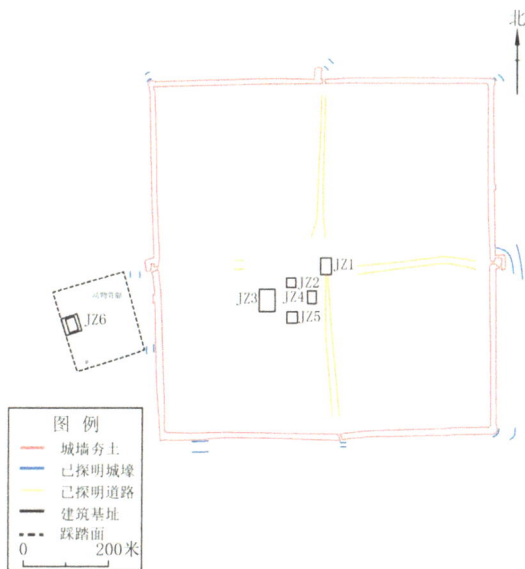

北

图 例
—— 城墙夯土
—— 已探明城壕
—— 已探明道路
—— 建筑基址
┈┈ 踩踏面
0   200米

▲ 图二十六 伯都古城平面图

▲ 图二十七 榷场（JZ6）建筑台基

① ［元］脱脱等撰：《辽史》卷38《地理志二》，中华书局，2016年，第539页。

② 吉林大学考古学院等：《吉林省松原市伯都古城的调查——兼论宁江州位置》，《边疆考古研究》（第25辑），科学出版社，2019年，第155—180页。

③ ［宋］叶隆礼撰，贾敬颜、林荣贵点校：《契丹国志》卷10《天祚皇帝上》，中华书局，2014年，第115页。

（二）女真起兵夺宁江

阿骨打起兵首选攻打春捺钵江东前哨宁江州。女真进军路线的起点地理坐标是大金得胜陀颂碑所在地，即扶余市得胜镇石碑崴子屯。金世宗完颜雍于金大定二十五年（1185年）为追记先祖完颜阿骨打在此誓师反辽，次年建立金国，遂命名这里为"得胜陀"。碑文追述了完颜阿骨打在此集聚兵马、传梃誓师的经过。阿骨打女真军从按出虎水（今黑龙江省阿城南阿什河）流域出发，自涞流水（今拉林河）渡河，于石碑崴子屯得胜陀之地誓师后，径趋奔袭宁江州。女真兵进至扎只水（今名夹津沟），铲平堑沟，方入辽境。与辽朝渤海军遭遇，完颜阿骨打先退后反击，打败辽军，乘胜直逼宁江州，填堑攻城大胜。伯都古城位于德胜陀西方，与女真军径趋直扑宁江州方向相符，中途有夹津沟与《金史》记载扎只水相符。

女真军攻占宁江州，之后又进行出河店战役，大败辽军。在试探战取得大捷之后，表面强大的辽国虚弱的一面充分暴露，完颜阿骨打一鼓作气，将此战演变成灭辽建立金朝的朝代更迭之战。1104年到1105年，辽军与女真军战争过程图示如下（图二十八）。

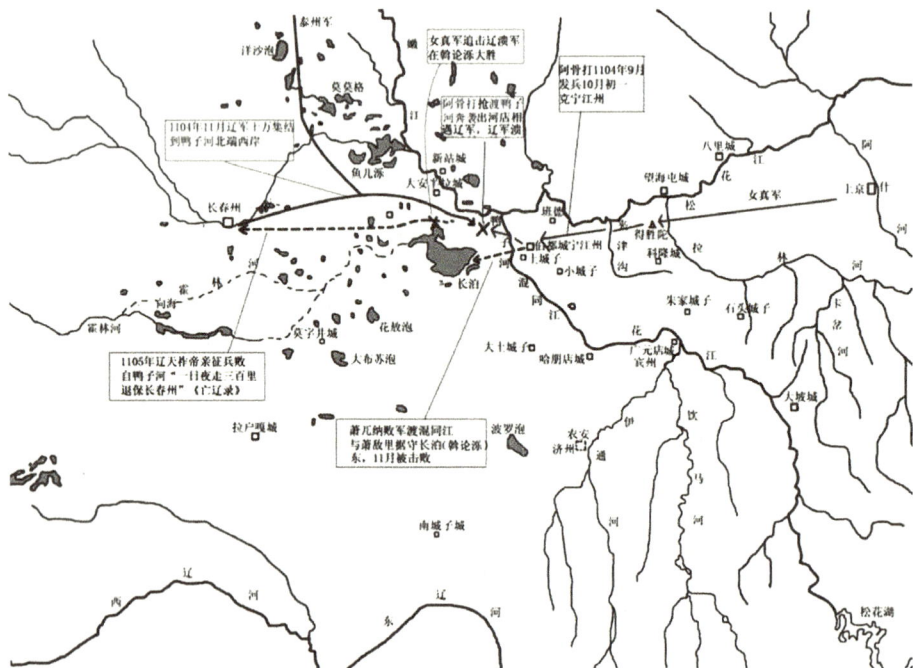

▲图二十八 辽军与女真军战争攻防线路示意图

（笔者以2005年地图出版社《吉林省地图》为底图绘制）

第三章

水岸迷茫千帐营

第一节　春捺钵遗址群

一、营地选址真特殊

（一）遗址位置

春捺钵遗址群由4片遗址区组成，分别是分布在花敖泡岸边的后鸣字区春捺钵遗址，分布在查干湖西岸的地字区春捺钵遗址、藏字区春捺钵遗址、腾字区春捺钵遗址，行政区划皆位于吉林省乾安县境内（图二十九）。

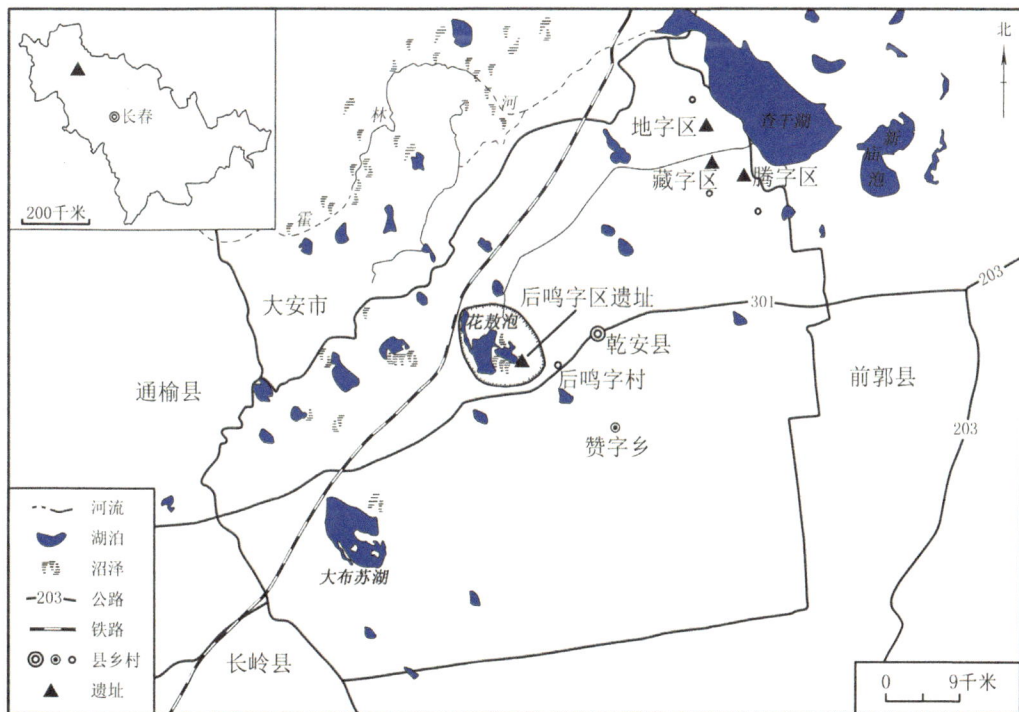

▲图二十九　乾安县春捺钵遗址位置图

乾安县地处松辽平原中西部地区，地势较高，较为平坦，比周围邻县高5—10米，故有"乾安台地"之称。地势西南部较高，最高处海拔185.7米；东北部较低，最低处海拔120米。自西南向东北缓慢倾斜。春捺钵遗址群地处松嫩平原中部，松花江、嫩江汇合处以南。地貌类型为湖沼洼地，四周地势较高，中间低洼，构成封闭或半封闭的湖盆地形。盆底海拔高程一般低于130米。边部常形成沼泽化湿地草甸子。乾安到白城的草甸子土壤多数含有盐碱成分，由于常年干旱，草低矮，很多土壤多次生盐渍化形成盐碱地。

遗址的名称是按照考古惯例以所在行政村名命之。乾安县村庄名特殊，以井方和《千字文》命名。1926年4月，经时任吉林省省长的张作相与时任哲里木盟盟长、郭尔罗斯前旗札萨克齐默特色木丕勒磋商，勘放郭尔罗斯前旗西部荒地，并设吉林勘放总局治理，11月全荒丈竣。按中国古代"井田制"的格局，把全县的土地从东北起以纵横七里半划成一个个井田方块，因每一方块构成"井"字形，故称"井方"。全县共划整方274个，破方35个（不够整方的称破方）。用《千字文》为每一井方定名，从"天地玄黄"始，到第119句"既集坟典"止，在476个字节中剔除数目字、不雅字等，选用268个字定村名，所有井方一律称为"×字井"。

（二）后鸣字区遗址地理环境

后鸣字区遗址位于吉林省乾安县赞字乡后鸣字村西北花敖泡湖面东南岸，坐落在县城之西郊10千米处。花敖泡湖岸边7个村落，包括竹字井、在字井、男字井、西洁字井、东洁字井、效字村、后鸣字村。鸣字村分为前鸣字村、后鸣字村两个自然村屯，遗址在后鸣字村的草原牧场界内，故命名为"后鸣字区遗址"（图三十）。

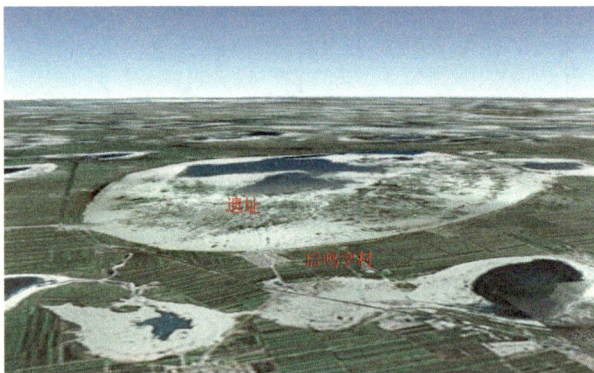

▲图三十　花敖泡湖盆地的后鸣字区遗址环境

花敖泡曾经是个很大的圆形古湖，古湖岸高出古湖底8—10米。现在湖泊水面仅分布在古湖底的西北部。古湖底由于地势低洼，是沼泽和盐碱地，不适宜旱作农田，仍然保持草原景观，没有树木和农田。岸上是茂密的树林，周边村庄种植旱田，以玉米、黄豆、谷子、葵花为主。湖底草原是牧场，草原上以羊群、牛群为主，有少量的马群，另外也有家养的鹅、鸭子等。湖底也是油田，南部边缘有开采石油的石油钻机分布。

后鸣字区遗址位于古湖底湖水面之东南部，靠近近水面地段，北部为沼泽，东南高，西北低。花敖泡水源依靠周边地区地表雨水径流的汇集，特别是南半部湖底及相邻岸上高地的地表雨水从南、东南向北、西北流淌，汇集成大冲沟，最后排进湖里，造成遗址中现存有很多条水冲沟。南岸边有第301号国道公路绕过，公路下铺过水涵洞，公路南侧的雨水径流从涵洞北流，泄注入湖。

后鸣字区遗址发现900余座土台，遗址东西绵延3千米，宽1.6千米，面积约4.7平方千米（图三十一）；地字区遗址东部遭破坏，残存273座土台，遗址长约2.2千米、宽约0.6千米，面积约1.32平方千米；藏字区遗址发现292座土台，遗址长约1.4千米、宽约0.9千米，面积约1.26平方千米；腾字区遗址发现480座土台，遗址长约1.4千米，宽约1千米，面积约1.4平方千米。

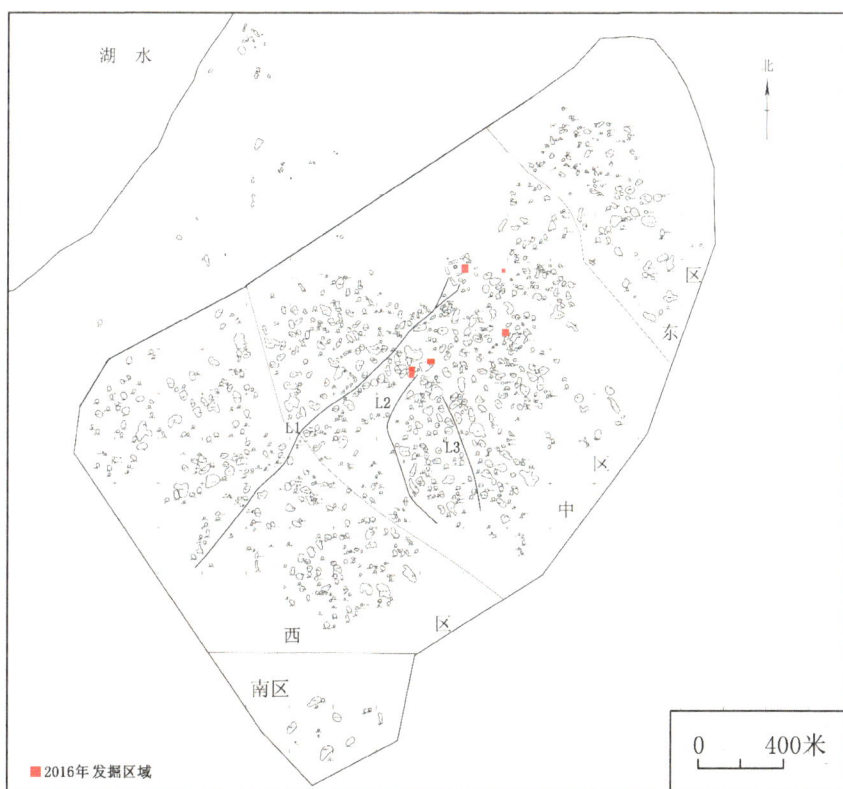

▲图三十一 后鸣字区遗址土台分布图

二、考古历年之足迹

（一）遗址发现

在第三次全国文物普查时，东北师范大学的傅佳欣教授负责指导松原白城片"三普"调查工作。他在培训各区县普查队负责人时，强调史书记载的辽代春捺钵活动在本地区内，有可能遗留下来遗迹遗物，要求各市县普查人员注意在水边寻找辽代春捺钵的遗迹。

2009年11月初，时任乾安县文物管理所所长王中军在第三次文物普查过程中，听放牧人讲述，有人在花敖泡附近挖出了很多铜钱，其中一人最多挖出了800多枚铜钱，引起了他的注意。他到现场调查时发现了规模庞大的土台群，采集了陶片。这一发现情况得到傅佳欣教授的高度重视，认为此地可能是辽帝春捺钵遗址，遂组织乾安普查队在乾安境内湖泊沿岸地带开展调查。至2010年1月，乾安考古普查队在花敖泡南侧、查干湖（旧称查干泡）西南侧发现了四处有土台群的类似遗址，分别命名为后鸣字区春捺钵遗址、地字区春捺钵遗址、藏字区春捺钵遗址、腾字区春捺钵遗址。

（二）遗址性质初步认定

2010年7月，吉林省文物局主持召开了乾安春捺钵遗址论证会，时任文物保护处（执法督察处）副处长的安文荣主持会议，赵宾福为专家组组长，程妮娜、傅佳欣、王培新、宋玉彬、冯恩学、彭善国参加了论证。会议期间，吉林省的辽金历史考古专家组踏查了花敖泡的后鸣字区春捺钵遗址、地字区春捺钵遗址（图三十二）和藏字区春捺钵遗址。

专家组在后鸣字区选择两处土台的边缘断面，用手铲刮断面，观察到土台在中下部土层中有红烧土，确定该土台是人活动形成的熟土台（图三十三、图三十四）。地面采集的卷沿灰陶陶片、白瓷片过于碎小，笔者认为这些陶片、白瓷片大致为辽金时期的，没有确切可靠的年代标

▲图三十二 专家组考察查干湖地字区遗址土包台

▲图三十三　专家组刮土包立面露出红烧土

▲图三十四　专家组考察土包台（"大青台子"，位于西区南部）

本。会议结果确定这些遗址属于特殊的辽金时期大型遗址群。

2010年8月，特殊的遗址类型引起国家文物局重视，由时任辽宁省文物考古研究所所长辛占山率领的国家文物局专家组对春捺钵遗址群进行了实地考察，肯定其为辽金春捺钵遗址。

2011年春捺钵遗址的发现被评为第三次全国文物普查百大新发现。2013年3月，国务院公布春捺钵遗址群为第七批全国重点文物保护单位。

（三）2012年的全景航拍与测绘

2012年冬，乾安县文物管理所邀请吉林省测绘局测绘了春捺钵遗址群四个片区的遗址地形图，傅佳欣教授现场指导了测绘工作，为开展考古工作、对遗址进行保护提供了重要基础资料。

（四）2013—2018年的调查和发掘

为了进一步明确遗址群的内涵和属性，配合春捺钵遗址群保护规划的编写，在时任吉林省文物局局长金旭东的部署下，2013年6—7月吉林大学边疆考古研究中心和乾安县文物管理所联合对春捺钵遗址群后鸣字区遗址进行考古调查与试掘。因为7月5日后进入雨季，遗址为沼泽地，无法工作，暂停发掘。9月末和10月初，研究人员又两次进入遗址踏查，随后对查干湖西南岸的三处遗址（地字区遗址、藏字区遗址、腾字区遗址）进行了调查。

2014年吉林大学边疆考古研究中心和吉林省文物考古研究所对后鸣字区进行正式发掘和调查。聘请洛阳高级探工马强负责铲探北部，确定遗址的北部范围和边界。其中6月份聘请吉林省文物考古研究所顾聆博使用无人机对遗址中几处重要台子和祭祀区进行航拍，由于认真分析了以往航拍失败的原因，在日期和拍摄时间段上，选择了青草旺盛，台子与平地区别明显的6月。拍摄时间选择在早晚阳光斜射，台子投影明显的晴天无风时间。此次拍摄很成功，收获了令人满意的效果。

2015—2016年夏秋，吉林大学边疆考古研究中心和吉林省文物考古研究所对后鸣字区进行发掘、调查和勘探。聘请洛阳高级探工马强负责铲探。

2018年夏秋，吉林大学边疆考古研究中心和吉林省文物考古研究所对查干湖岸边的地字区遗址进行发掘、地面调查，获取查干湖岸边春捺钵遗址的部分资料。

三、一片一币定乾坤

（一）奇遇陶片篦点纹

以往调查各片区采集的陶片皆为火候较高的灰陶片，素面，都没有篦点纹，无法确认有辽代的遗物。彭善国教授在考察时采集到一块白瓷口沿，他鉴定该遗物是金代定窑瓷片，所以遗址只能定在宽泛的辽金时期的大框内，金代肯定有，能不能早到辽代还存在疑问。这是一个关键问题，若早不到辽代，何谈辽帝春捺钵！

2013年5月21日，时任吉林省文化厅文物保护处处长的郑国君约我陪同清华大学文化遗产保护研究所的项瑾斐副所长到后鸣字春捺钵遗址考察。早晨下过雨，车开进遗址区边缘，车轮开始下陷打滑，我们下车推车（图三十五），发现轮胎卷起甩出的泥土中有陶片。我赶紧沿着路往回找，在原路的车辙处发现一块辽代陶片，表皮有脱落，纹饰中心不清，两端的篦点坑清晰可见（图三十六），是契丹陶器上的典型纹饰。这件陶片的"奇遇"，增强了我的信心，遗址的年代不仅能早到辽代，还可以确定有契丹人在这里活动！

（二）稀世辽币等我来

千座土包，都是人工修筑的，还是有一部分是天然土台？为了解决这个问题，我们组织学生对土台进行拉网式踏查，逐个土台查看有没有陶片和烧土。结果是每个土

▲图三十五　车轮深陷花敖泡

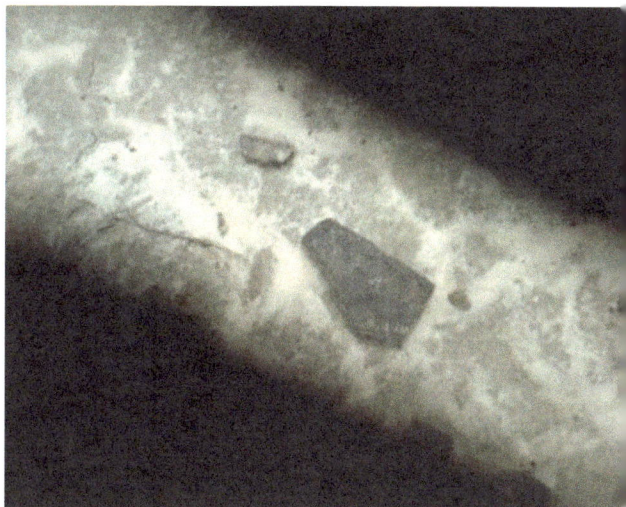

▲图三十六　偶然发现的辽代契丹篦点纹陶片

台都有，一般陶片分布在土台的阳面（图三十七），都是人工土台。水冲沟壁上常能发现动物骨骼（图三十八）。

2014年在土包台（B19-1）的南侧台下的边缘区有一圈陶片露头，布探方发掘，是一个大陶盆（图三十九）。这个盆在当时是完整的，放在帐篷外，当时主人可能因为匆忙撤离装车而忘记拿了。

2015年普查土台时，硕士研究生潘晓曦在编号B086-1土台上采集到一枚乾统元宝（图四十）。

乾统元宝是辽天祚帝耶律延禧乾统年间（1101—1110年）所铸，《辽史·食货志》记载"天祚之世，更铸乾统、天庆二等新钱，而上下穷困，府库无余积"[1]。辽朝主要使用北宋钱币，也使用唐钱和五代钱。数量很少，铸造不精致，品相差，是辽钱的特点。在辽国腹地的赤峰，辽代钱币窖藏中辽钱比例为0.15%，金代钱币窖藏中辽钱占万分之二。在辽代城址和遗址中考古发现的辽钱极为罕见，一百座辽墓中都很难找到一枚辽钱身影。辽钱稀有，乾统元宝更是稀有中的稀有。春捺钵遗址土台上能采集到辽钱乾统元宝，是此遗址为辽代遗址的有力证明！

---

[1]［元］脱脱等撰：《辽史》卷60《食货志下》，中华书局，2016年，第1033页。

▲图三十七　笔者在观察土台阳坡常见的陶片

▲图三十八　西区水冲沟壁上的动物骨骼

▲图三十九　土台边缘出土的大陶盆

▲图四十　辽代乾统元宝拓片

第二节 "小城"为何有怪圈

一、羊倌指引的意外发现

2013年5月，羊倌说附近有古墓，笔者说可以去看看，来到他指引的地点，地面有三处瓦砾散布面（当时编号J1、J2、J3），西侧两个瓦砾面能看出是凸起的圆形堆，不是墓，而是房屋建筑基址。

笔者站在瓦砾堆环顾四周，望见北侧有两个不长草的圆圈，再向外仔细观察，隐隐约约有围墙；又向外细细察看，墙外还有草色较深的围壕。这样一个"小城"就被发现了。这个小城在地面不明显，在无人机航拍的照片中很明显（图四十一）。经过用洛阳铲钻探和发掘绘制出平面简图（图四十二），位于J1东侧的编号J3的建筑址后

▲ 图四十一　空中俯瞰"小城"全貌

来经发掘是几个残破的房子，不是一个台基，可能是看守人员居住之所。

二、夯筑圆面与不长草围沟

为了解开圆圈之谜（图四十三），又不能破坏圆圈，采用小窄探沟方法做了探查，圆圈内部的中心是白色夯土，很硬，羊倌说土是外来的，湖底草甸子没有这种土。圆圈带也打了一个窄探沟，土很软，是一条窄浅的沟，不长草不是因为土夯

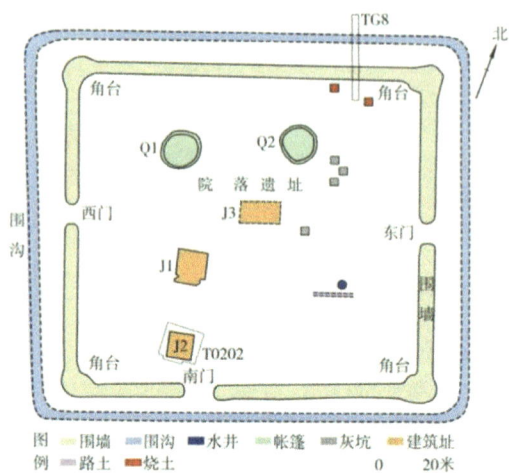

▲ 图四十二 "小城"平面图（2015年绘制）

▲ 图四十三 远望圆圈遗迹

打结实导致的。为了保护圆圈的形状，挖出的土成块状，不打散，又立即按照原样填回，浇水，草皮很快就恢复了，圆圈还是那个圆圈，看不到探沟的痕迹。

白城市博物馆宋明雷馆长到工地来参观现场，对于圆圈的形成，他解释说："圆圈是沟就对了，这里属于盐碱地草甸子，土壤中含有碱，下雨时水向沟里汇集，水蒸发后盐碱沉积。这样累积，沟内盐碱浓度高，草就不长了。地面就形成年年不长草的圆圈。按照这个解释，夯土硬面是帐篷的底座面，外围浅沟一周。"

三、一号台基超小神秘瓦件[①]

由于破坏严重，一号台基保存状况较差，但柱下基础、台明和散水等仍可辨认。现存夯土台基平面略呈"凸"字形，方向约173度，南北长10米，东西宽9米，高0.7米。因面阔、进深尺度较小，台基未用磉墩，亦未发现础石（图四十四）。外围一圈夯土比内部夯土质地更为致密，外圈夯土疑为连续基础即连磉，宽0.7—0.9米，上部边缘被破坏严重。台明用条砖呈十字缝砌筑，现仅存最下一层，其下垫土经简单夯

▲ 图四十四 一号台基发掘现场

① 吉林大学边疆考古研究中心：《吉林乾安县辽金春捺钵遗址群后鸣字区遗址的调查与发掘》，《考古》2017年第6期。

打。散水用条砖呈十字缝铺墁，外立竖砖为边。散水砖残存于台基东部与北部，砖长32厘米，宽16厘米，厚5.4厘米。夯土台中部被晚期大坑打破，可能有人以为是古墓，挖掘后发现不是就放弃了。周围有小的灰坑打破。在清理倒塌堆积层时，发现有陶瓷片、铜钱和动物骨骼碎块。

出土的陶瓷片属于辽金时期，其中有明确是金代的瓷片，三角形的兽面滴水是金代的，所以这个建筑的最后使用年代是金代，能否早到辽晚期还不能确定。

博士研究生张晓东对古建筑考古有丰富的经验，笔者让他负责这个台基址的发掘。他对夯土台基做解剖时，突然招呼笔者过来看，说："我找到证据了。"他在夯土台基侧面找到一个很硬的蛋壳样的夯窝土块，这个夯窝坑的凹面不是垂直向下，而是横向的。他感觉这个凹窝很奇怪，就用手铲剥了一下，凹窝竟然脱落掉下来，是一个旧夯土中的残块（图四十五）！所以他判断，这里是把旧的建筑拆除，重新修建的一个建筑，我们看到的基础和瓦件都是后修筑的。笔者认为他的分析合乎逻辑，应该就是这样。

出土遗物以建筑构件为主（图四十六），此外还有一些生活用具，如陶器、瓷器、金属器、石器和钱币等。

▲图四十五　夯土中夹杂的夯窝块（卡片旁的夯窝块是从上面坑处剥离的）

▲图四十六　一号台基出土建筑构件

1.凤鸟　2.迦陵频伽头像　3.花式涂丹瓦当　4.兽面纹滴水

四、二号台基是金代补筑[1]

二号台基平面呈方形，边长8.4—8.7米，残高约0.5米。在台基的东面、南面和西面都发现有残存的部分包壁青砖。西、南、东壁包壁青砖残存1层，砖长32厘米，宽16厘米，厚5.8厘米。台基上发现有三处残存碎石，其中两处位于东南角，疑似是柱础。另一处位于西南角，最外侧两个础石间距为7.25米。台基东北角有一处土质偏硬，呈圆形，颜色为灰白色，应为礤堆遗迹。台基上正中偏北的位置残留有两排保留原位的青砖。但台基的四边未发现门道遗迹，可能后期被破坏（图四十七）。台基的

---

[1]吉林大学边疆考古研究中心、吉林省文物考古研究所：《吉林乾安县辽金春捺钵遗址群后鸣字区遗址2015年的发掘》，《考古》2024年第4期。

▲图四十七　二号台基建筑基础遗迹

东边被晚期的灶（Z11）打破，台基南侧边缘被Z10打破。为了进一步了解台基的结构，我们对台基做了局部解剖。解剖沟发现台基之中有碎瓦分布，台基夹杂碎瓦作为骨料起加固和渗水作用。在解剖沟2发掘至生土层时发现，瓦块存在于台基中下部，且台基下的地层存在炭灰烧土颗粒，说明在二号建筑之前，应存在一个早期活动面。同时在台基中发现有三枚铜钱，分别是祥符元宝、天禧通宝、元丰通宝，确认了台基年代上限不早于北宋元丰年间（1078—1085年）。

出土遗物以建筑构件为主，此外还有一些生活用具，如陶器、瓷器、金属器、石器和钱币等。瓦当是兽面纹（图四十八，1），滴水是条带形（图四十八，2），另外还发现一件陶泥塑像残件（图四十八，3）。出土钱币较多，都是北宋钱币（图四十九）。发现一件白瓷片磨制的棋子（图四十八，4）。为何有棋子，令笔者不解。

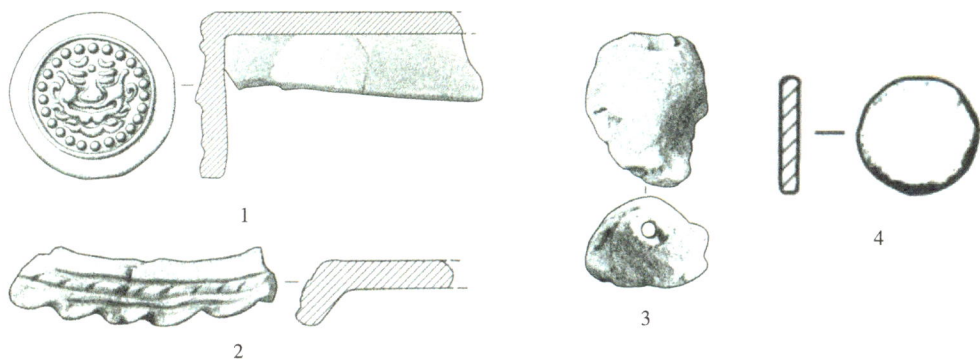

▲图四十八 二号台基址出土部分遗物

1.兽面瓦当 2.条带形滴水 3.陶泥塑像残件 4.白棋子

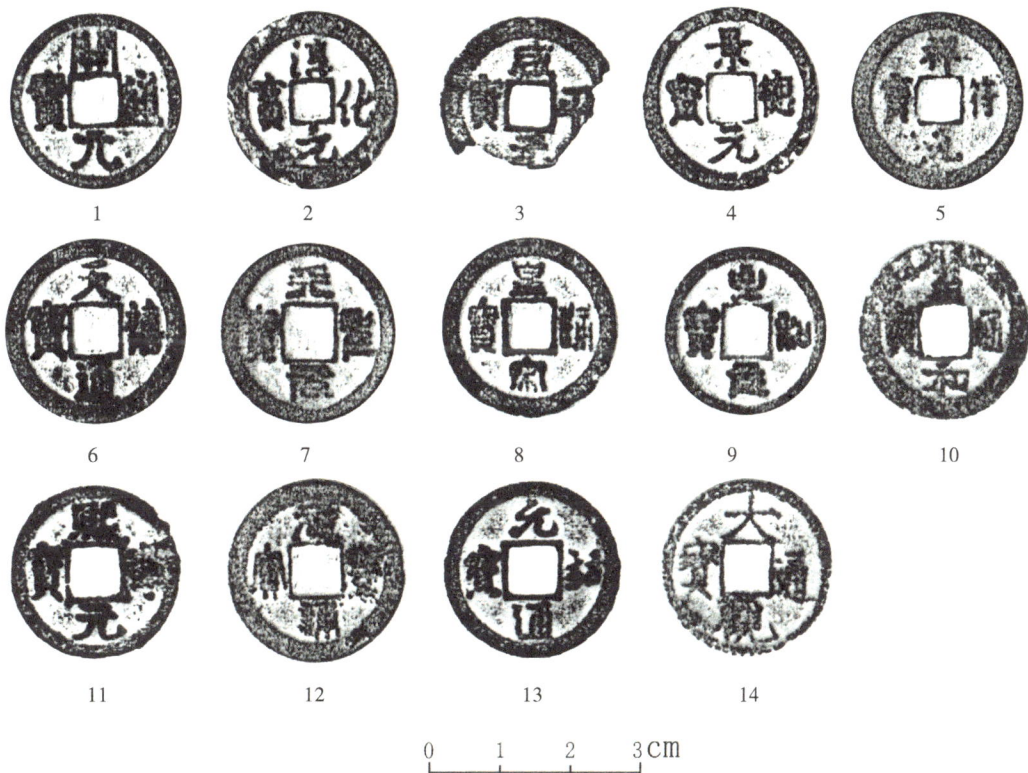

▲图四十九 二号台基址出土的北宋铜钱拓片

1.开元通宝（T0202②：48） 2.淳化元宝（T0202③：48） 3.咸平元宝（T0202③：10）

4.景德元宝（T0202③：64） 5.祥符元宝（J2：2） 6.天禧通宝（T0202③：66）

7.天圣元宝（T0202③：86） 8.皇宋通宝（T0202③：66-4） 9.至和元宝（T0202③：66-3）

10.至和通宝（T0202Z11：2） 11.熙宁元宝（T0202③：44-3） 12.元丰通宝（T0202J2：1）

13.元祐通宝（T0202③：44-2） 14.大观通宝（T0202③：67）

二号建筑址（J2）的台基夯土中发现"元丰通宝"铜钱，说明台基的起筑年代不早于北宋元丰年间（1078—1085年）。从出土的建筑构件来看，兽面连珠纹瓦当多见于辽金时期的遗迹，没有发现晚于金代的遗物。二号建筑址与2014年发掘的一号建筑址规格相近，位于同一中轴线之上，所以推测两座建筑物应是同一时期的建筑，年代在辽末到金早期。

二号建筑址发现的Z10和Z11是晚于台基修筑和使用时期的。所以同一号建筑址一样，二号建筑址未配备灶和火炕之类的取暖设施，并不适宜居住。同时二号建筑址发现的鸱吻残件说明其具有较高的建筑等级。有塑像残块出土，所以二号建筑址并非居住用建筑，其功能可能和一号建筑址近似，为祭祀所用。

二号建筑位置不在院落的主要位置，偏于院落的西南，二号建筑址距离院墙过近，显得局促，出入不方便。特别是两个建筑的轴向与院落的中轴线方向不一致。因此可以判断，这两个夯土台基的瓦顶建筑并不是院落设计时的主体建筑。位于院落北半部的两个明显的圆圈遗迹，2014年通过解剖得知，圆圈是圆形的小围沟，内部是夯土，下雨时水向沟洼处汇集，水蒸发后土中的盐碱含量富集，导致围沟不长草，形成白色圆圈。所以可以确定是圆形帐篷的基座，应该是院落设计时的主体建筑。夯土瓦顶的建筑（J1、J2）应该是在围墙修建完之后增建的。一号建筑台基高于二号建筑台基，一号建筑出土的瓦当和滴水类型比二号多，因此可以确定先修筑一号建筑，后修筑二号建筑。

五、"小城"功能是祭祀神灵

小城位于中区的北侧边缘，如果把土包台的分布面视为打开的扇子面，那么小城就是扇柄端，北倚湖面，东南西三面环绕星罗棋布的土包台，又有一定距离，使得小城既安全，又肃静。

小城边长110米，有南门、东门和西门，四角有角楼，城墙低矮，外绕壕沟，城内没有高大的土包台。城北部有并列的两个圆圈遗迹，占据城内最主要的位置。西南部狭小面积内分布方形夯土台基的瓦顶建筑，边长仅8米余的夯土台基，出土大量建筑饰件，与其狭小开间相比，瓦件体量有过大之嫌。其瓦当做成花形已经罕见，还被着意涂抹成红花芯（图四十六，3）。滴水的宽阔面上印着兽面瓦当纹，这些都是国内首次出土，令人称奇。

"小城"没有军事意义，挖沟建围墙主要是阻挡牛马和显示神圣区的需要。其功能难以肯定，暂时做一个解释。《辽史·营卫志》记载春捺钵说："皇帝得头鹅，荐庙，群臣各献酒果，举乐。更相酬酢，致贺语，皆插鹅毛于首以为乐。赐从人酒，遍散其毛。"[1]笔者认为，这个奇怪"小城"是祭祀区，主位的圆圈是安放祖先神灵的毡帐，类似移动的"祖庙"，偏于一隅的汉式瓦顶建筑也是供奉神灵的简易神堂，东南空地可能用于停放运送神帐的车辆，J3区的小建筑可能是制作贡品的神厨和守卫、看护人的居所。辽代建成神灵祭祀区，金代沿用，并对残破的辽代建筑J1进行重筑，在南侧增加了第二号建筑J2。

第三节　解剖土台找谜底

一、云端考古发现有古路

顾聆博用无人机航拍遗址后，对笔者说，能看出来有道路，土台子有成群分布的迹象。考古队把最大的土台子称为"大台子"（图五十），周围的土台子也比较大，有可能是办公处理政务之所。之后用洛阳铲勘探，验证了该条道路的存在，又打探出其他的道路。

因为湖底盆地与岸边的落差高达10米，西南岸崖坡比较平缓，所以勘探确认的营地古路朝向西南。从土台分布平面图上可以观察到，大台子西南有道路（L2）直达台下，左右各有一条道路（L1、L2），大台子规模大，左右翼伸展出很多群组（图五十一），因此笔者怀疑此台子是皇帝白天处理政务的大帐所在地。《辽史》记载春捺钵营地皇帝有几个大帐。大台子表面非常干净，很难捡拾到陶片等遗物，没有发现红烧土、灰烬等迹象，钻探是比较硬的夯土，与办公功能相符。

---

[1]［元］脱脱等撰：《辽史》卷32《营卫志中》，中华书局，2016年，第424页。

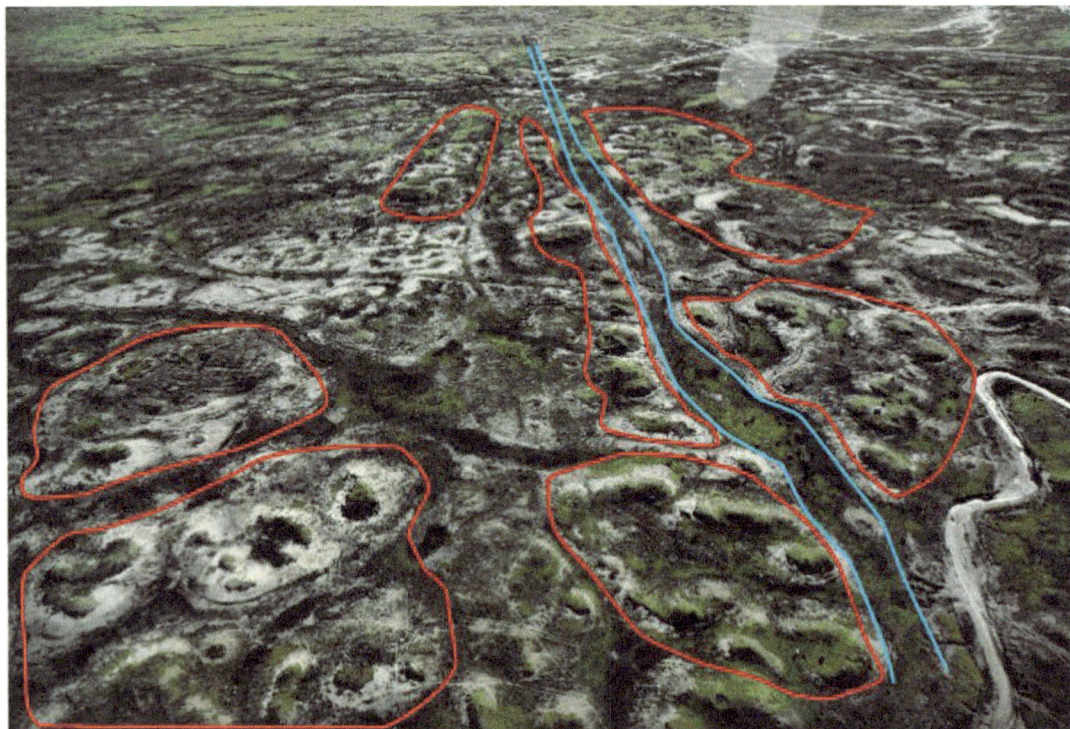

▲图五十　航拍片上观察出的群组和道路

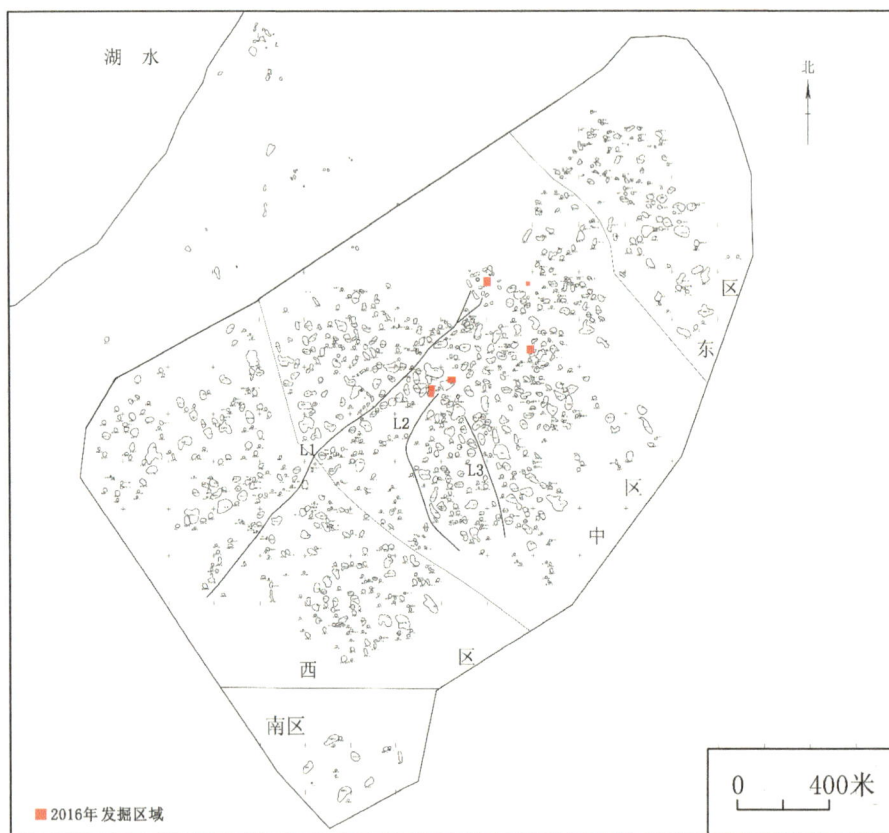

▲图五十一　春捺钵遗址勘探出来的道路

二、"寝帐"土台主次有分工

春捺钵土台呈现群组分布特点，大台子和附属的中小台子相距较近。主要的大台子遗物稀少，小台子的遗物多，存在明显的分工迹象。

后鸣字区遗址中心区域的B089土台群组的土台的分布组合特殊。B089-1土台高大，视野较好，其南侧有一排呈弧形排列的较为低矮的小台子环绕，东、西和北部也有多个小台子拱卫（图五十二）。2013年第一次调查时，有一个羊倌把帐篷扎在主台子的顶部，经常把羊群圈在周围空地。考古队把这个土包台称为"羊棚包"。从防卫严密特殊布局分析，这里有可能是皇帝的寝帐所在之地。

为了解附属台子的功能差异，2014年，研究人员对此处进行了钻探，得知西侧的小台子B089-3文化遗物最丰富，主台子B089-1和东侧的B089-11等有结实的夯土，几乎不见遗物。

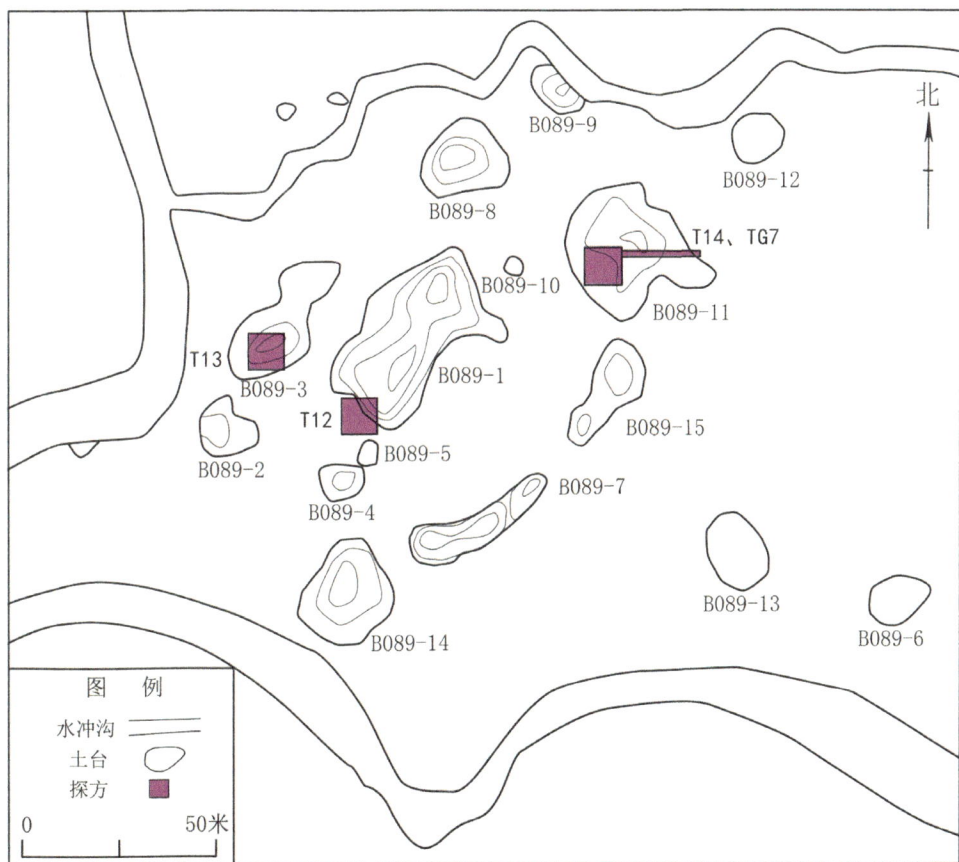

▲ 图五十二 "羊棚包"群组分布平面图

2015年选择B089-1、B089-3和B089-11进行探查式发掘。在B089土台群组的B089-1布T12，在B089-3布T13，在B089-11布T14、TG7。2016年又对B089-3做了补充发掘。

中心主台子（B089-1）的T12是10米×10米，上部发现近现代遗迹后，没有发现其他遗迹，夯土较松，土质较纯净，除了土层中夹杂有少量的炭灰外，几乎没有陶片遗物，说明卫生管理严格。主台子的方向是面向东南，符合契丹帐篷向东南的习俗。

东侧较大的附属土台子（B089-11）的探方T14是10米×10米，探沟TG7是21米×1.5米。探方第4层下发现辽金灰坑一个遗迹，没有遗物出土，地层内发现零散的陶片和炭灰。

在附属的3号台子（B089-3）的T13出土最丰富，灶面也多，应该是御厨之台。

台北故宫博物院收藏的北宋李唐《文姬归汉图》，又称《胡笳十八拍》，绢画，共计18幅图。每幅图是上部诗文，下部画面。主题是汉代蔡文姬和亲，嫁给匈奴单于，思念家乡，回归家乡探亲。但是男子髡发式样与辽墓壁画契丹人一模一样，使用的车辆是辽墓壁画中的契丹驼车，马匹额头梳小辫的特殊打扮也是辽墓鞍马所特有，故可以肯定，上部诗文是文姬归汉，下部场面是按照当代北国的契丹风俗而画，再现了契丹皇帝野外营帐的部分风貌（图五十三）。

▲图五十三　《胡笳十八拍》第三拍，匈奴左贤王与蔡文姬的寝帐（契丹王寝帐式样）

附属的3号台子（B089-3）土包台呈不规则长条形，顶部呈鞍形，整体长39米，最大宽16米，高约2.5米。布10米×10米T13，遗迹遗物丰富，现简要把2015年发掘的探方T13的地层、遗迹、遗物介绍如下。

探方自上而下共分10层，第1—4层为近现代地层，下面介绍第5层以下的地层堆积。

第⑤层：黄褐色沙质黏土，土质略致密，坡状堆积，厚10—40厘米。出土有卷沿陶片、碎瓦块、铁块、动物骨骼等遗物。

第⑥层：分为2个亚层。第⑥a层：灰褐色沙质黏土，土质较致密，局部较水平，且其上散布大量炭灰和烧土颗粒，厚7—10厘米。出土有灰陶片、碎瓦块、铁块、动物骨骼。第⑥b层：灰色沙质黏土，土质致密，水平状堆积，厚10—20厘米。出土较多灰陶片、碎瓦块、白瓷片、动物骨骼。

第⑦层：黄褐色沙质黏土，土质较致密，水平状堆积，面上局部有坚硬的炭灰烧土颗粒，厚20—30厘米。出土较多瓦块、灰陶片、白瓷片、铁块、动物骨骼等遗物，H6、H7开口于此层下。

第⑧层：分为4个亚层。第⑧a层：灰黄色沙质黏土，夹杂大量炭灰颗粒，土质较密，水平堆积，面上局部有一层薄薄的炭灰层，厚5—10厘米。包含较多灰陶片、白瓷片、瓦块等遗物。H9开口于此层下。第⑧b层：黄白色沙质黏土，土质较密，水平堆积，面上局部散布炭灰颗粒，厚4—8厘米。包含较多灰陶片、动物骨骼、铁块等遗物。第⑧c层：灰白色沙质黏土，土质较密，水平堆积，面上局部有一层薄薄的炭灰层，厚5—7厘米。包含较多灰陶片、白瓷片等遗物。第⑧d层：黄灰色沙质黏土，土质较密，水平堆积，面上局部散布炭灰烧土颗粒，厚5—8厘米。包含较多灰陶片、白瓷片、瓦块等遗物。灶面ZM12、ZM4、ZM5、ZM6开口于此层下。

第⑨层：分为2个亚层。第⑨a层：红褐色沙质黏土，土质较为致密，水平状堆积，厚10—15厘米。H14、H15、H16、Z15开口于此层下。出土遗物有篦点纹陶片、卷沿灰陶片、仿定风格白瓷片、瓦块、牛马等动物骨骼。第⑨b层：黄褐色沙质黏土，土质较为致密，水平状堆积，厚5—15厘米。ZM7开口于此层下。此层出土卷沿灰陶片、白瓷片、牛马等动物骨骼。

第⑩层：青灰色沙质黏土，土质较致密，水平状堆积，厚15—20厘米。出土遗物有卷沿灰陶片、黄白釉瓷片、牛马等动物骨骼。

第⑩层以下为灰色沙质黏土，土质致密较纯净，次生土。

第⑧层发现的篦点纹灰陶片具有典型辽代特征，第⑧至⑩层应为辽代层。第⑤至⑦层是金代层。

灶面，是营帐之外的地面烧火形成的红烧面，其上和附近伴有少量的炭灰。本探方共发现7个灶面（图五十四），其中在灶面ZM4附近有密集的鱼鳞（图五十五）。

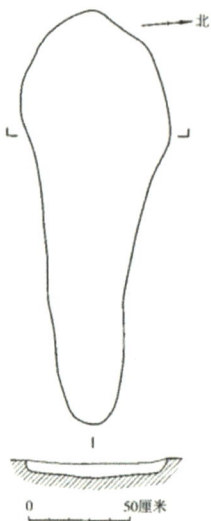

▲图五十四　灶面遗迹　　　　　　▲图五十五 探方T13御厨刮掉的鱼鳞现场

烧灰面是如何形成的呢？这可以通过《胡笳十八拍》第五拍中展现契丹人帐篷外生火做饭的场景得知一二（图五十六）。即使用三足锅做饭，平地上生火，做完饭，地面也会形成烧面灰烬面。

T13出土遗物较多，硕士研究生马晨旭挖出的白玉鱼雕和玻璃兔最精美。玉雕鱼较完整，白色，一面突起，一面平整。可见鱼头、鱼身、鱼鳍、鱼尾等部分。鱼头用一阴线刻划的弧线表示，中部有一圆孔表示鱼眼。残长3.2厘米，残宽0.5—1.5厘米，厚0.3—0.6厘米（图五十七，1）。玻璃兔较完整，乳白色，形状不规则，残长1.2厘米，最宽处0.8厘米，厚0.6厘米（图五十七，2）。

根据勘探和发掘情况判断，羊棚包群组的分工如下：中心土台高大，是皇帝的寝帐台子。东侧台子比之小，层层夯土，是随时处理政务的帐篷台子。南侧是警卫和近侍居住的台子。西侧是厨房后勤供应的台子。

▲图五十六　《胡笳十八拍》中的契丹人御厨帐外做饭场景

1

2

▲图五十七　T13出土器物

1.白玉鱼雕　2.玻璃兔

三、外围区铁匠炉修理铺

在西部外围区的土包调查时，发现有多处土包表面有铁炼渣块散布（图五十八—图六十）。队员们经过讨论认为可能有手工业冶炼，于是决定选择一处进行发掘。

▲图五十八　外围西区土包上散布的铁炼渣

▲图五十九　外围土包上采集到的铁渣块特写

▲图六十　采集的铁渣块

2013年选择土包台编号B103-7，就是103组中的第7号土包台。发掘后确定是铁匠铺修理部的遗留，坡下是烧火的地方，有大量的灰烬分布，向上是残留的残砖修建的弧形烟道（图六十一）。出土铁三足锅和腰带具等残件（图六十二）。

走烟道

铁匠炉灶坑

▲图六十一 铁匠炉残迹

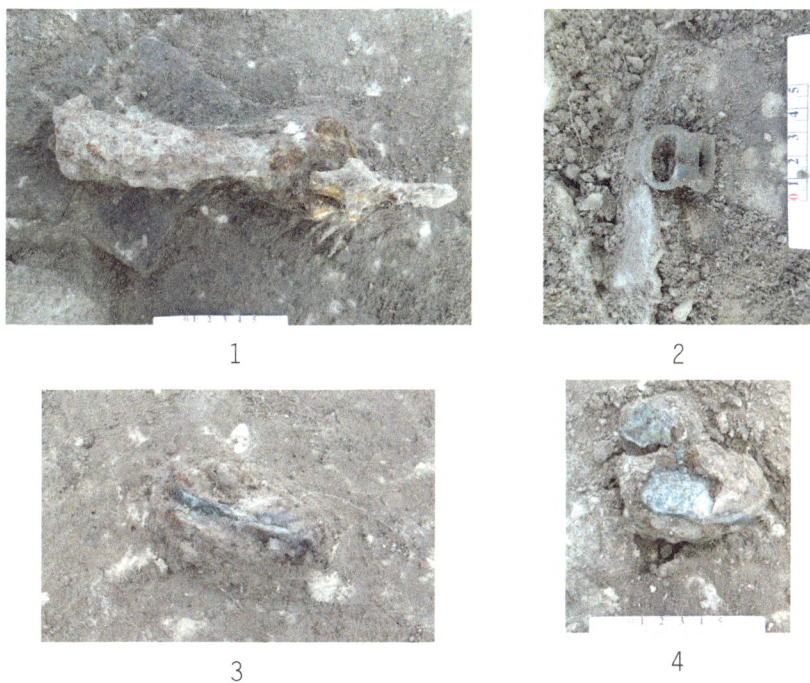

1

2

3

4

▲图六十二 铁匠炉遗迹发现的修理部件

1.铁三足锅的腿和铁箭镞形器 2.青铜带扣 3—4.两个铁片夹着青铜锅腹片（修补青铜锅片）

四、肉填南瓜，闷灶也能熟

2013年发掘时，笔者还是按照习惯，安顿好学生布探方发掘后，一个人开始在偌大的遗址中转悠，寻找有价值的露头遗迹。在一个水冲沟的崖壁，一条黑色炭灰线突然进入笔者的眼帘，笔者意识到，这里很可能有一个野外灶。布置一个探方发掘，果然是个灶，残留一半（图六十三，1）。2010年乾安县博物馆清理了一个灶，其剖面观察也是闷灶（图六十三，2）。

笔者野外发掘的各个时代的土灶类型多样，可是从未见过这样的灶遗迹，灶底的黑灰层保留很好，未经扰动，其上很厚的黄土中有烧土块。烧土块局部发红部分没有平整或凹面，没有断茬边，不是灶壁塌毁的碎块又是哪来的？发红的面或朝上，或朝下，或朝左，或朝右，没有规律性，灶的周壁也没有长期烧火形成的硬而发红的壁面。笔者想复原这个灶内堆积形成的过程，这是考古队员面对发掘的遗迹需要思索的问题。笔者受许永杰教授论文的启发，把这种思考方法在《田野考古学》（第五版）中作为考古现场情景复原理论正式写入教材。

参加发掘的村民看出笔者的疑

1

2

▲图六十三　春捺钵遗址闷灶

1.2013年发掘的五号灶　2.2010年清理的焖灶

惑，对笔者说："这是闷灶。"村民做了一番解释，笔者半信半疑。宋玉彬和成璟瑭到工地来指导工作，笔者就让村民买食材做闷灶实验，用春捺钵野餐招待他们。村民把切好的猪肉加佐料后放入一个挖空内腔的南瓜，然后生火烧红土块、瓦砾，再把锡纸包裹的其他食包、南瓜放入灶内，最后用土覆盖严实（图六十四）。两个小时后，扒开土层，拿出食包。打开食包，热腾腾的气飘出，香味扑鼻。肉熟了，这是笔者最关心的事。而且肉是软的，没有变得干硬。

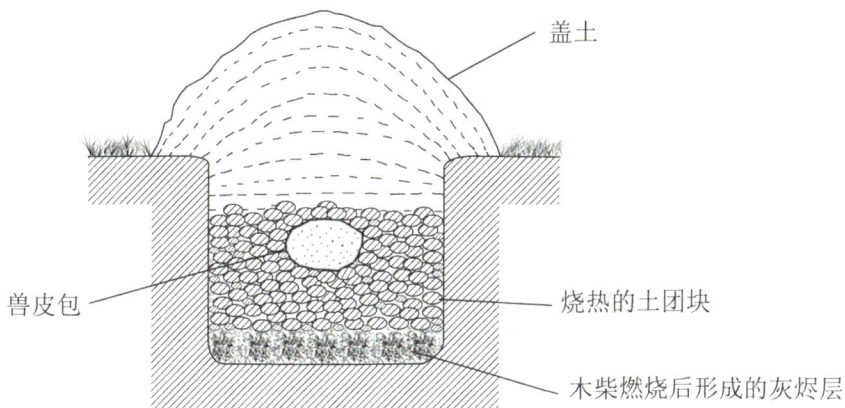

▲图六十四　闷灶使用示意图

这次模拟实验，扫去了笔者对闷灶的疑惑，还得到新的启示。猎人中午把食材用兽皮打包，埋入灶穴炭火内闷上，就可以到水边行猎。傍晚前回来，拖着劳累的身躯，走近土坑灶，扒开土，拿出食包吃晚餐，饭食还是热的，至少是温的，立刻就能吃饭。这适应春捺钵的习俗，在花敖泡野甸子流传至今，大约800年了。

五、不捉天鹅捉黄鼠

花敖泡湖岸上是农田和村庄，湖底仍然是村民的牧场，放牧的马倌、牛倌、羊倌、猎人也经常到发掘现场看稀奇（图六十五）。

春捺钵最具特色的活动是放海东青捕天鹅，辽金相关的诗歌很多。花敖泡甸子上已经看不见天鹅，只有散养的成群的大鹅。日复一日单调的发掘工作中，偶尔猎人的来访也会引发我们关于古代狩猎场景的遐想。台北故宫博物院收藏的契丹《回猎图》中有契丹人射猎回家的场景（图六十六）。

▲图六十五　考古队员在阻止马倌

▲图六十六　台北故宫博物院收藏的契丹《回猎图》

草甸子上常有黄鼠洞，圆形洞口有一个浮土小包，村民告知，黄鼠胆小，抓黄鼠需要两个人，一人在洞口边挖边拍打，一人守在另一端洞口，待黄鼠出来。一日一位猎人带着两条细狗来到发掘区，这是著名的蒙古猎犬，腿高身长，擅长跳跃捕猎。村民要求猎人表演一下狗抓黄鼠，于是，村民走到一个洞口拍打呐喊，突然从20米左右的另一侧洞口蹿出一物，极速飞奔，两条细狗一前一后立刻追赶。几个箭步，前犬就追上黄鼠，悬空跳跃，扑向小小黄鼠的前方。黄鼠身小灵活，在细狗跳起之刹那急停转身返回奔跑，悬跳的细狗扑了空。可是返回的黄鼠正迎着后面追赶的细狗，被逮个正着。

黄鼠在民间俗称大眼贼。因眼大而突出，偷食农作物，故有此称。黄鼠平时穴居在疏松的土壤中。据说辽国把黄鼠作为契丹的特色美食，用于招待来使贵宾。不知道宋朝来使到春捺钵营地觐见辽帝时，是否吃过花敖泡草甸子的黄鼠。

六、营地边缘有人骨

捺钵野外生活，充满不确定性，有身份地位者去世要运回故乡安葬，没有身份地位的随队人员中突然暴毙者、违反规矩被杀者，便在营地之外草草埋了。曹军在遗址东北之外的水冲沟断崖上发现了人的下颌骨，于是布探方发掘，只有残缺不全的凌乱的未成年人骨，没有任何随葬品（图六十七）。茫茫草甸子不知道还有多少这样的"墓"。

▲图六十七 后鸣字遗址外冲沟壁的人骨

（为了拍摄人骨画面没有强烈的反差，时任乾安县文物管理所所长的王中军打伞遮挡阳光，越南留学生邓鸿山在摄影，发现者同时也是发掘者的曹军夹图纸准备画图，张宇站在后面）

七、求证盐场定捺钵

在与同行学者们商讨遗址的性质时，有的学者提出有没有可能是提炼土盐的盐场，土包是提炼食盐之后废弃的土渣堆积而成。我们高度重视这个建议，开始了若此地是盐场应该有何考古证据的思考，按照这个思路，设计了四项工作方案。

第一项，提取多地点不同土样进行含盐量的检测（图六十八）。

第二项，笔者带领队员到大安的尹家窝堡遗址参观，因为该遗址是新荒泡岸边提炼土盐遗址，正在进行考古发掘，考察土盐提炼的遗迹特点、渣土包的结构特点并采集尹家窝堡遗址的盐土，化验含盐量。

第三项，对土台子开展大面积钻探（图六十九），以期获取土台内提炼土盐的遗迹，如过滤池等。

第四项，继续选取土台子进行发掘，看看土台内有没有提炼土盐的遗迹。

大规模勘探与选取土台发掘都没有找到任何与尹家窝堡遗址相似的过滤池等提炼土盐的遗址，土包堆积与尹家窝堡遗址的土包结构完全不同，后者每一个探方都能遇到过滤池等提炼土盐的遗迹。后鸣字的土台地层千篇一律是平平的薄地层，一层一层平展，这不见于尹家窝堡遗址。从后鸣字遗址土包顶部、底部、结晶返碱土中采集的土样，立即由吉林大学刘爽老师亲自拿到北京大学实验室检测（乾安春捺钵样品分析报告见表二，尹家窝堡样品分析报告见表三）。

▲图六十八　"小城"内瓦片上的盐碱结晶（返碱土）

▲图六十九　对土台子进行钻探

表二 乾安春捺钵样品XRD定量分析报告

序号	样品编号	样品中所含物相以及该物相的含量百分比（%）	结晶度（%）	谱线
1	B19-2-1（台子顶部）	石英30.7，钠长石32.6，白云母13.0，钾长石14.8，蒙脱石，4.1，方解石3.2，钛磁铁矿1.7	89.7	4.1
2	B19-2-2（台子周边地面上部）	石英35.0，钠长石32.6，白云母10.7，钾长石17.2方解石2.5，钛磁铁矿1.5	90.5	4.2
3	B19-2-3（台子周边地面底部）	石英30.6，钠长石36.9，白云母12.9，钾长石15.7，方解石2.2，钛磁铁矿1.7	90.4	4.3
4	B19-2-4（台子周边地面中部）	石英34.2，钠长石34.6，白云母10.8，钾长石16.5，方解石2.1，钛磁铁矿1.7	90.4	4.4
5	B19-2-5（台子中部）	石英31.7，钠长石33.5，白云母10.0，钾长石15.3，蒙脱石，5.0，方解石2.6，钛磁铁矿1.7	90.1	4.5
6	J4-1（圆圈遗迹）	石英31.7，钠长石32.1，白云母13.4，钾长石17.7，方解石3.6，钛磁铁矿1.6	89.7	4.6
7	J4-2	石英35.6，钠长石33.0，白云母11.4，钾长石15.3，方解石3.2，钛磁铁矿1.5	89.3	4.7
8	J4-3	石英31.4，钠长石35.1，白云母12.9，钾长石15.2，方解石3.5，钛磁铁矿1.9	89.7	4.8
9	2014AHT0201-T0101（返碱土）	石英26.8，钠长石33.4，白云母11.1，钾长石18.0，方解石2.3，钛磁铁矿1.4，无水芒硝：5.9岩盐1.1	88.1	4.9

注：芒硝硫酸钠

表三　尹家窝堡样品XRD分析报告

序号	样品编号	样品中所含物相以及该物相的含量百分比（%）	结晶度（%）	谱线
1	2-6（2014DYTJVIYJ1深坑底部最下层淤泥）	石英37.5，钠长石46.7，白云母12.3，方解石3.6	90.7	4.7
2	2-0（2014DYTJVI西北近代盐场）	石英33.7，钠长石35.8，白云母7.1，钾长石18.1，方解石1.6，钛磁铁矿1.1，岩盐（NaCl）2.4	90.4	4.1
3	2-1（2014DYTJVI盐碱地表土）	石英39.8，钠长石49.9，蒙脱石5.1，方解石3.3，钛磁铁矿2.0	89.2	4.2
4	2-2（2014DYTJVI与TJX中间表土）	石英31.2，钠长石39.2，白云母8.4，钾长石17.7，方解石1.9，钛磁铁矿1.5	90.3	4.3
5	2-3（2014DYTJVIYJ1深坑填土）	石英30.8，钠长石40.5，白云母16.4，蒙脱石6.0，方解石4.2，钛磁铁矿2.1	87.7	4.4
6	2-4（2014DYTJVI土堆内草木灰）	石英35.0，钠长石43.8，白云母12.9，高岭石3.0，方解石3.2，钛磁铁矿2.0	89.0	4.5
7	2-11（YJ1浅坑中黑烧土）	石英26.6，钠长石33.3，白云母13.3，钾长石16.6，蒙脱石5.0，方解石3.6，钛磁铁矿1.6	88.2	4.12
8	2-10（YJ1浅坑填土木板上层）	石英28.0，钠长石31.1，白云母14.7，钾长石15.1，蒙脱石5.4，方解石3.7，钛磁铁矿1.9	89.2	4.1
9	2-9（YJ1浅坑填土中部沙子）	石英39.0，钠长石45.1，白云母10.8，方解石3.2，钛磁铁矿1.8	90.0	4.10
10	2-7（TJVIH10填土样品）	石英29.5，钠长石34.1，白云母14.8，钾长石16.5，方解石3.3，钛磁铁矿1.7	88.2	4.8
11	2-13（YJ1浅坑木板下泥层）	石英17.3，钠长石23.4，白云母21.9，蒙脱石9.1，钾长石1，3.2，方解石5.9，钛磁铁矿2.2，绿泥石6.9	81.3	4.14
12	2-8（YJ3浅坑木板下土样）	石英31.3，钠长石39.3，白云母16.5，蒙脱石6.9，方解石3.5，钛磁铁矿2.3	87.5	4.9
13	2-5（2014DYTJVIYJ3深坑底部）	石英29.8，钠长石38.7，白云母18.8，蒙脱石6.5，方解石4.3，钛磁铁矿2.0	87.5	4.6
14	2-12（YJ2深坑填土）	石英27.6，钠长石33.9，白云母14.0，钾长石15.2，蒙脱石4.6，方解石3.，2，钛磁铁矿1.6	88.9	4.13

XRD定量分析结果如下：

根据检测报告，后鸣字遗址最富集的返碱土的含盐量是1.1%，无水芒硝5.9%。尹家窝堡遗址最富集土的含盐量是2.2%，是后鸣字遗址的1倍。后鸣字遗址的土壤含盐量不具备商业开采价值。

由于无水芒硝含量高，个别土台子顶部发现的带火炕的大灶，是中华人民共和国成立初期村大队组织在这里集体熬硝的遗迹，硝可以用于加工熟皮子，拿掉牛羊狗皮上的脂肪等组织，使硬皮软化。硝的需求量很小，生产规模也就不大。

在彻底否定该遗址有盐场后，就只剩下春捺钵这一种可能性了。

当笔者在年底汇报会上向时任吉林省文物局局长金旭东和专家们汇报后，金局长笑着说："好！盐场没了，春捺钵还在！"

中国社会科学院考古研究所董新林研究员到工地考察，对发掘工作和资料整理进行指导（图七十，1），建议"小城"改称"院落"为好。东北师范大学傅佳欣教授多次到现场指导，帮助筹划发掘（图七十，2）。

1

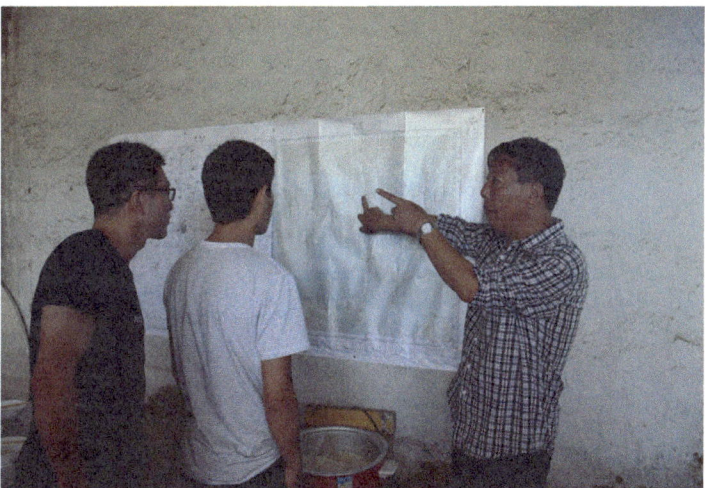

2

▲图七十　专家到春捺钵工地指导

1.董新林研究员在查看遗址资料　2.傅佳欣教授在分析台子分布规律

八、辽捺钵营地，金春水延续

后鸣字区遗址是目前我国发现的保存最好、规模最大的季节性渔猎营地遗址，土台子分布带东西绵延3000米，宽1600米，规模之大，超出我们的想象，根据《辽史》等文献记载应该是辽金时期皇帝春捺钵的营地遗址。

后鸣字区土台分布是向中心聚拢的扇形。B089土台的群组位于春捺钵营地的核心区域，主台子面积大，周围环列中小台子，应该是营地最主要人物居住之地。西北侧的B089-3土台遗存丰富，发现了密集的灰坑、灶和灶面遗迹，出土了大量的陶片等生活用器和较多的动物骨骼，且骨骼上有砍砸痕迹，散布鱼鳞，同时每层的遗物富集区都分布在红烧土和炭灰集中区。这说明土台B089-3可能是庖厨区。主台子B089-1和位于主台子东侧的B089-11土台，夯土致密但鲜有遗物发现，可能分别是主人和侍从等附属人员居住之所。

北宋苏辙出使辽国时曾经做《虏帐》，诗中描述辽朝皇帝冬捺钵的营地：

> 虏帐冬住沙陀中，索羊织苇称行宫。
>
> 从官星散依冢阜，毡庐窟室欺霜风。

后鸣字区春捺钵遗址是辽朝皇帝春捺钵时建立的营地之一，花敖泡湖岸边是沼泽地，修建土台子，在土台上搭建帐篷，能够防止潮湿。土台的分布如同繁星，营地帐篷也是"星散依冢阜"。诗人又言：

> 礼成即日卷庐帐，钓鱼射鹅沧海东。
>
> 秋山既罢复来此，往返岁岁如旋蓬。

春捺钵发掘的土台表明地层多而平坦，因反复使用而不断增高，与春捺钵季节性营地遗址特点相符。

后鸣字区春捺钵遗址是辽朝皇帝春捺钵时建立的营地之一，金朝早期被金朝皇帝春捺钵沿用。这与金朝"春水秋山，冬夏捺钵，并循辽人故事"的记载吻合。宋人马扩于宣和五年（1123年）出使金朝时，在是年三月十一日看到"阿骨打坐所得契丹纳跋行帐，前列契丹旧教坊乐工，作花宴"。金太祖以所获辽天祚帝的捺钵行帐为荣耀，就捺钵帐处理政务，那么利用辽朝的春捺钵营地进行春猎也是不难理解的。

2013年5月发掘时，笔者巡视各处探方发掘情况，远远望去，看见吉林大学硕士研究生曹军一个人坐在探方旁的土包上。他负责一个孤立的探方的发掘工作，挖不出什么东西，闲来无事，瞭望星罗棋布的土台。西风吹来草荡漾，他思绪飘浮诗兴起，吟诗一首：

咏乾安春捺钵遗迹
曹军

寒冬正月辞上京，百鸟朝凤啼春灵。

日出东南云万里，百尺敖台千帐营。

赤甲银靴缨弓满，金鳞万点龙驹鸣。

鹘击鹅坠饮春水，头鹅荐庙冠飞翎。

鳞潜羽翔卓冰帐，弦歌举觞绕花汀。

醉卧枪林不愿醒，但凭天子赐功名。

柳烟飞絮殆春尽，子河青山又成行。

天乾地安画千井，弋猎花敖誉丹青。

"百尺敖台千帐营"以神笔点出了乾安花敖泡营地的特点，土台大者30米长是"百尺"，千个土台千帐营，一点儿都没有夸张。

第四节　查干湖畔捺钵址

查干湖，原名查干泡，蒙古语为"查干淖尔"，意为白色圣洁的湖，大部位于吉林省松原市西北部的前郭尔罗斯蒙古族自治县境内，西邻乾安县，北接大安市。内陆湖，季节性内陆河霍林河曾经是查干湖的主要水源，中华人民共和国成立后由于霍林河修建水库截留水源，导致下游干涸。目前依靠松花江水注入，恢复蓄水高度，湖水面积307平方千米，周长达104.5千米。当蓄水高程130米时，水面面积345平方千米。蓄水6亿多立方米，是全国十大淡水湖之一、吉林省内最大的湖泊。湖岸线蜿蜒曲折，沼泽地野草芦苇茂盛。在湖西岸和东北岸都发现了辽金春捺钵营地遗址。

一、西岸遗址驼车辙

（一）藏字区遗址

藏字区春捺钵遗址共292个台子，春捺钵遗址长约1.4千米，宽约0.9千米，面积约1.26平方千米。

2013年7月7日对藏字村遗址进行了调查。藏字村隶属于乾安县让字镇，该遗址位于查干湖西岸，在藏字村遗址东南。地貌为草原景观，较为平坦。土台也较为低矮，呈丘状，分布较为分散。土台边遗物较为丰富，有陶片、瓷片、砖块、铁渣等。

2014年调查一个低矮土包，地面散布瓷片、陶片，发现有炭灰，挖开土层发现底下是一薄炭灰层，没有红烧土，确定是一个灶面。

这处灶面和周围散布较多的瓷片，其场景与赤峰市敖汉旗七家1号辽墓壁画中的野外做饭场景相同（图七十一）[①]。

▲图七十一　内蒙古敖汉旗七家1号辽墓东南壁壁画中的契丹野炊图

---

① 邵国田：《敖汉旗七家辽墓》，《内蒙古文物考古》1999年第1期。

2018年，吴敬主持对藏字区进行了考古发掘，共清理灰坑48个、房址2座、灶6个、窖穴1座以及疑似车辙印①。

窖穴位于Ⅰ区ⅠT0103北部中央，编号ⅠJ1，延伸进北隔梁，开口于②层下，向下一直打破生土，并被H37打破。平面呈圆形，最外径约250厘米，最内径约140厘米，深155厘米。直壁，平底，紧贴窖穴外层土壁一周，从上至下有一层青灰泥、一层黄土，共11层，每层土质均纯净致密，推测为窖穴的外层防潮护壁，宽度25—60厘米，从上至下逐渐缩窄，每层厚度不均，最薄约10厘米，最厚约30厘米。开口以下约45厘米，紧贴外层护壁内壁有一层厚约2厘米的青泥，略外弧，一直延伸至窖穴底部，青泥上贴有一层厚约5厘米的芦草植物作为内层护壁。窖穴堆积为深褐色砂土，土质较杂，包含有炭灰和红烧土粒，出土少量陶片和动物骨骼（图七十二）。

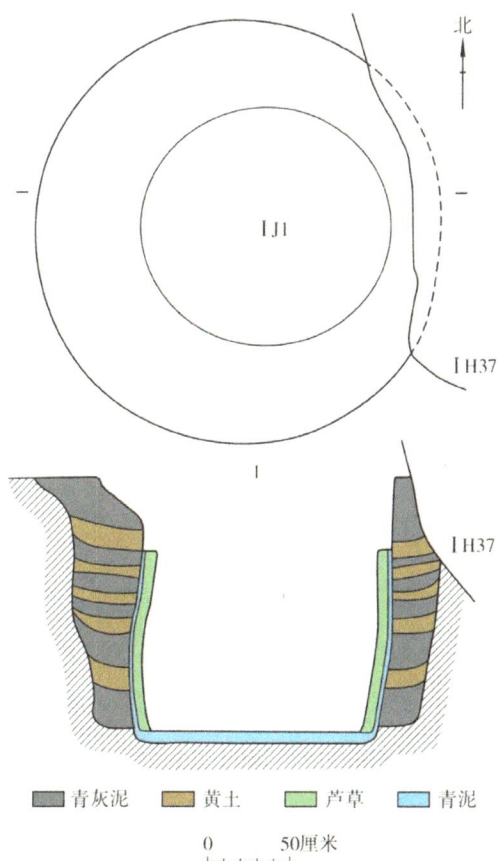

青灰泥　黄土　芦草　青泥

0　　50厘米

◀图七十二　窖穴（ⅠJ1）平面图与剖面图

---

① 吉林大学考古学院等：《吉林乾安县辽金春捺钵遗址群藏字区遗址的调查与发掘》，《考古》2022年第1期。

车辙印发现于ⅠT0302和ⅠT0303，开口于⑤层下，为南北平行的两道黑土带，向西一直延伸至发掘区外，两道黑土带的间距约1.7米，黑土带的宽度约10厘米，深约8厘米（图七十三）。在此组车辙印的南侧还有一道黑土带，在清理完隔梁后在此条黑土带的南侧剖面上发现间距相似的迹象，可能是另一组车辙印。

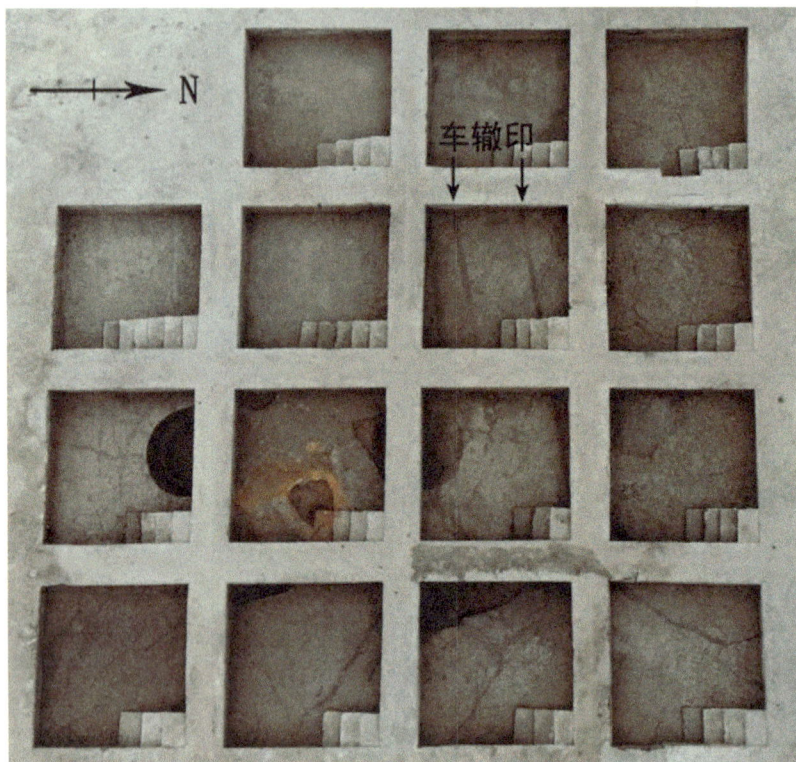

▲图七十三　春捺钵遗址群藏字区遗址I区车辙印遗迹

从Ⅰ区和Ⅱ区的地层堆积来看，似乎可以将土台的地层分为早晚两期。早期以⑥⑦层及Ⅰ区疑似车辙印遗迹为代表，其特征是遗迹遗物均不丰富，甚至是极其稀少。晚期以②至⑤层为代表，从Ⅰ区⑥层的淤积特征来看，⑤层可能是一次较短时间内对前期地表的覆盖，从此往上的各文化层，遗迹遗物逐渐丰富，因此我们暂将⑤层归入晚期。从地层包含物的丰富程度来看，晚期应是土台使用的主体年代。

虽然没有在早期地层中发现具有典型辽代特征的遗物，但是在Ⅲ区采集的篦点纹陶片说明，辽代已有人类在遗址区内活动。或是由于活动稀少，或是由于分布区域过大，没有在此次发掘的早期地层中找到典型的辽代遗物。而且，从测年数据分析，早期地层的绝对年代也很有可能进入辽代。

如果此次发掘的早期遗存年代可以上溯到辽代，那么Ⅰ区⑤层下开口的疑似车辙印似乎可以在一定程度上对遗址性质做进一步的印证。辽墓壁画所绘之车有多种类型，其中以库伦一号墓的轿形车（图七十四，1）[1]、叶茂台萧义墓的驼车（图七十四，2）[2]和二八地一号墓的毡车（图七十四，3）[3]最具代表性。《辽史·仪卫志》记载："契丹故俗，便于鞍马。随水草迁徙，则有毡车，任载有大车，妇人乘马，亦有小车，贵富者加之华饰。"[4]《辽史·耶律俨传》亦载："天庆中，以疾，命乘小车入朝。"[5]库伦一号墓的轿形车以鹿牵拉，车型较小，其旁准备上车者为贵妇。由此可见，小车可能多是达官贵人在城市中使用的车舆。驼车和毡车均为长辕、高轮，轮距明显宽于轿形车，而且从二八地一号墓所绘场景来看，完全是契丹人游牧生活的写照。车辙印在吉林白城城四家子城址的发掘中也有发现，但间距更窄，很可

▲ 图七十四　辽墓壁画所绘车的类型

1.库伦一号墓墓道壁画中鹿车　2.叶茂台萧义墓墓道壁画中的驼车　3.二八地一号墓棺画中的毡车

① 王健群、陈相伟：《库伦辽代壁画墓》，文物出版社，1989年，第23页。

② 温丽和：《辽宁法库县叶茂台辽萧义墓》，《考古》1989年4期。

③ 昭乌达盟文物工作站：《辽宁昭乌达地区发现的辽墓绘画资料》，《文物》1979年6期。

④ ［元］脱脱等撰：《辽史》卷55《仪卫志一》，中华书局，2016年，第1000页。

⑤ ［元］脱脱等撰：《辽史》卷98《耶律俨传》，中华书局，2016年，第1558页。

能属于小车，而在春捺钵区域使用的车，应更适合契丹人随时转徙之用。而且，城四家子城址内发现的车辙印是在城市道路上反复行驶后形成的多道车辙，春捺钵遗址群藏字区遗址所见的疑似车辙印则是非常清晰的两道黑土印，极有可能为行驶一次后留下的痕迹，之后便不再重复经过，这恰好与辽代春捺钵活动的游猎性质契合。

（二）地字区遗址

地字区春捺钵遗址共273个台子。春捺钵遗址范围：长约2.2千米，宽约0.6千米，面积约1.32平方千米。

2013年7月5日对地字区遗址进行了调查。该遗址位于查干湖西岸，余字乡地字村西边。地貌为草原景观，较为平坦。土台较为低矮，呈丘状，分布较为分散。在一些较大的土台上树立了水泥标桩，标桩012所在土台经纬度为北纬45°12′28.42″、东经124°11′06.95″。

此次调查在一处土台上发现了红烧土遗迹，土台在标桩A012所在土台东北，经纬度为北纬45°12′30.57″、东经124°11′10.85″。土台平面呈椭圆形，坡顶较平，南北长约35米，东西宽约25米。在土台东南坡上，发现一处红烧土遗迹。土台顶上遗物较少，遗物主要分布在东、南缓坡上，有泥质灰陶片、红褐陶片及铁块渣等。

（三）腾字区遗址

腾子区春捺钵遗址共480个台子，春捺钵遗址范围：长约1.4千米，宽约1千米，面积约1.4平方千米。

腾字村遗址隶属于乾安县种畜场，在藏字村遗址东南，也发现了一些土台遗址（图七十五）。遗址内现已禁牧，保存状况良好，植被茂盛，土台上都遍布野草，遗物只有零星发现（图七十六）。

查干湖三片区位置相距很近，GPS定点位置的距离，地字点到藏字点、藏字点到腾字点分别是3816米、3990米，片区间隔地带大约1.5—2千米，三片区土台子数量总和为1千略余，与后鸣字区台子数量大致相当。三者的面积总和也与后鸣字区相当，后鸣字区也是分为三个大区。所以，我们认为三者实为一个捺钵遗址整体，只是三个分区的间距较远。

▲图七十五 基高尺余的低矮小土台子

▲图七十六 草高浓密的小土台子（封闭草场保留古代原野的风貌）

二、东岸遗址捕鱼具

查干湖东岸春捺钵营地遗址仅发现一处，即莫日格其遗址。遗址坐落在八郎镇查干湖渔场东岸草甸子，东西长4000米，宽3000米（图七十七）。其规模大于花敖泡后鸣字区遗址。2010年被松原市博物馆工作人员发现，范博凯、景阿男在调查报告中已经判断此地是春捺钵遗址[①]。

▲图七十七　莫日格其遗址核心区（右下部分）和探方位置

---

① 范博凯、景阿男：《松原市前郭县查干湖东岸辽金聚落址调查报告》，《博物馆研究》2013年第2期。

遗址地表有星罗棋布的土台，因为不是沼泽地，土台都较低矮。西北有一条公路横向穿过，中部纵向修建了一条通往湖面的防洪大坝。2020年吉林省文物考古研究所对工程占地区域进行了考古发掘。遗址地表有铁质的大鱼叉、大鱼钩、小鱼钩、铁网坠等捕鱼工具，马镳、马衔，以及契丹陶片（图七十八，1—7）。2024年调查，地表观察到辽代陶片（图七十八，8—10），还采集到金代和元代瓷器，遗址沿用到元代。

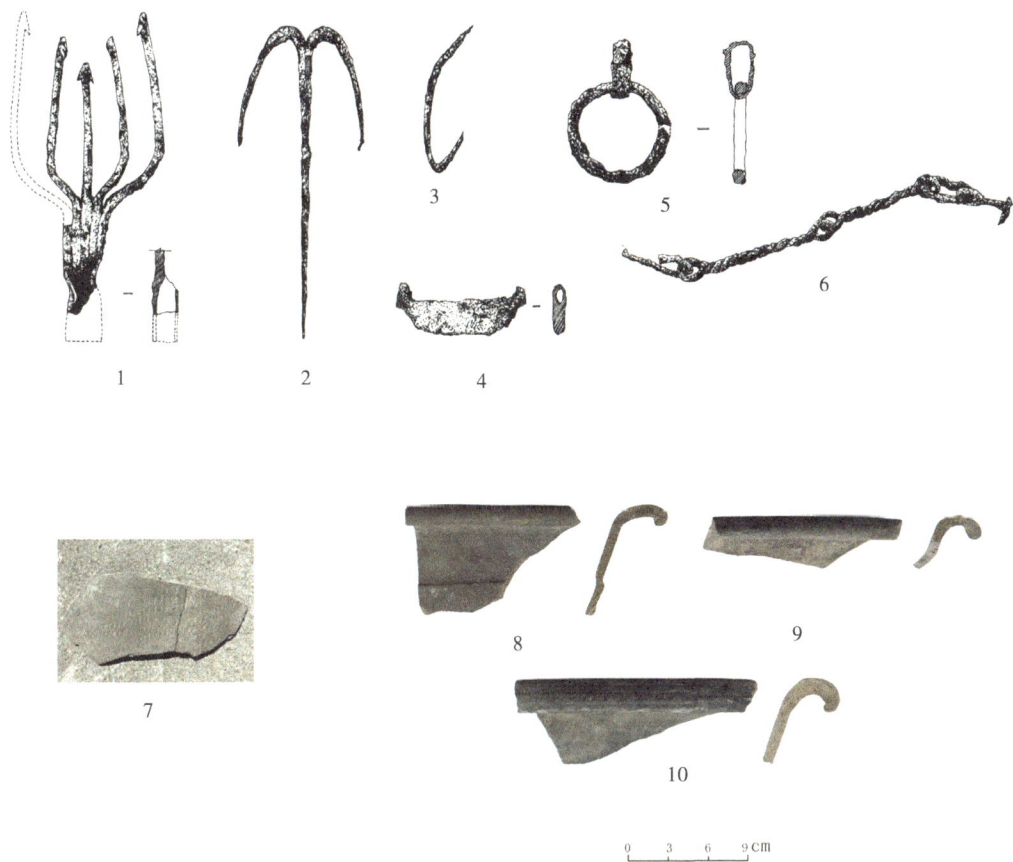

▲图七十八　莫日格其遗址采集的部分器物

1.铁鱼叉　2.铁大鱼钩　3.铁小鱼钩　4.铁网坠　5.马镳

6.马衔　7.辽代篦点纹陶片　8—10.辽代陶盆口沿

第四章

白酒起源新突破

第一节 月亮泡边寻捺钵

一、冰眼观鱼必搭帐

2012年9月13—14日，笔者和吴敬、王春雪到后套木嘎实习基地参观。工地位于新荒泡的东南角的岸边，东北望远处是月亮泡。洮儿河（长春河）通过月亮泡汇入嫩江。在工地库房，看到新发掘的一个灰坑出土了几件契丹陶器。其中一件陶壶，质地灰色，火候较低，底深凹，且有印纹，在下腹部有篦纹密集，在颈部也有篦纹，颈部纹样为弧形。内壁接茬明显。其他陶片的口外附加堆纹发达，颈部篦纹纹样为弧形，都体现出早期契丹的特色（图七十九）。黑龙江大庆沙家窑墓有类似出土者，发掘简报将墓葬年代定为辽代（图八十）[①]。后来有学者通过对比研究，指出该处墓葬实应为唐代墓葬[②]。可知早期契丹已经涉足这里，与其他族人混居。

后套木嘎遗址是新石器时代到青铜时代的渔猎聚落遗址，渔猎文化在这里源远流长。

宋人程大昌在《演繁露》一书中也精细地描述过在长春河春捺钵捕鱼的过程：

> 达鲁河（洮儿河）东与海接，岁正月方冻，至四月而泮。其钩是鱼也，虏主（指辽道宗）与其母皆设帐冰上，先使人于河上下十里间以毛网截鱼，令不得散逸，又从而驱之，使集冰帐。其床前预开冰窟四，名为冰眼，中眼透水，旁三眼

---

① 云瑶、日平：《黑龙江省大庆市沙家窑发现的辽代墓葬》，《北方文物》1991年第2期。

② 张伟、田禾：《嫩江流域唐代文化遗存辨识——以大庆沙家窑辽墓为出发点》，《北方文物》2012年第1期。

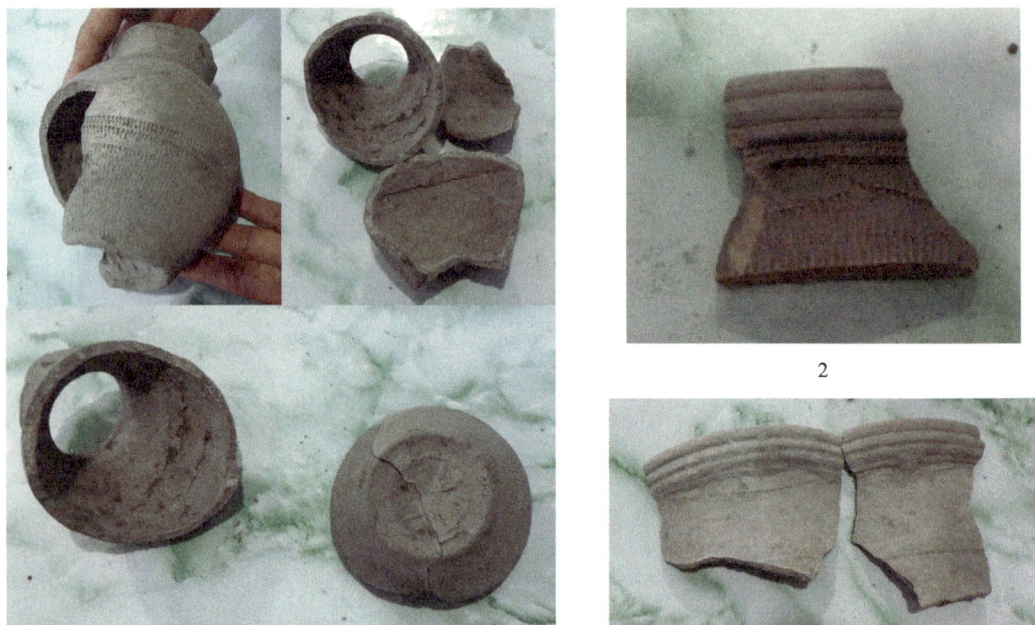

▲图七十九　后套木嘎遗址出土契丹陶器

1.篦点纹陶壶　2.陶罐口沿　3.陶罐口沿　4.长颈壶外侧和内壁

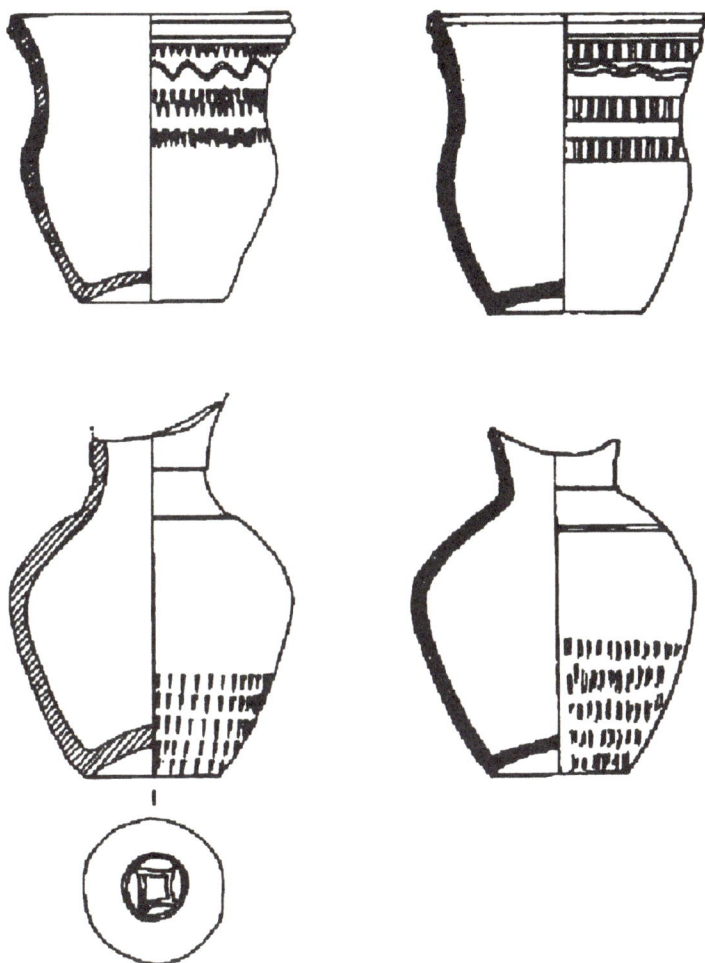

▲图八十　大庆沙家窑墓出土陶器

环之不透，第斫减令薄而已。薄者所以侯鱼，而透者将以施钩也。鱼虽水中之物，若久闭于水，遇可出水之处，亦必伸首吐气。故透水一眼，必可致鱼，而薄不透水者将可视也。鱼之将至，伺者以告虏主，即遂于斫透眼中用绳钩掷之，无不中者。即中，遂纵绳令去，久，鱼倦，即曳绳出之，谓之得头鱼。

观鱼、钩鱼为何要设冰帐？冰窟窿的东北话叫"冰眼"，至今仍这样叫，用冰穿凿冰窟窿叫"打冰眼"，冰眼内下网或用长杆的搅捞网捕鱼。西伯利亚民族学中保留更古老的方法。在冰眼上搭建简易的桦树皮房子，这样房子内光线昏暗。在冰眼内放一个假鱼模型，用长木板悬吊假鱼，微微晃动木板，假鱼晃悠如活鱼游动，吸引大鱼。由于房子内昏暗，冰下水中的大鱼既看不清冰上坐着人，也看不清假鱼是真是假。鱼游过来，或探嘴呼吸，或咬假鱼。猎者观察到大鱼游到了冰眼，用带倒刺的鱼鳔枪猛刺之即获。所以，卓冰帐的主要目的是让帐内昏暗，冰眼下水中的鱼看不见冰面有人，才能在冰眼处张口换气。

类似引诱大鱼的假鱼，在贝加尔湖沿岸地带新石器时代遗址常见，在嫩江中游的齐齐哈尔市昂昂溪新石器时代遗址也有发现，说明这是寒冷地带应用了几千年的古老捕鱼方法。在牡丹江流域发现了渤海国时期的假鱼，证明这种方法在冬季漫长的东北地区一直延续到唐辽时期。辽代虽然没有发现假鱼，但是春捺钵的卓帐冰上观鱼之风盛行，也是一种延续变化。

二、期望捺钵是盐场

2012年在环月亮泡考古区域调查时发现了尹家窝堡遗址，遗址北部有十个大土包。

2013年乾安后鸣字区遗址开始考古调查发掘。吉林大学本科考古实习基地设在新荒泡南岸的后套木嘎遗址。新荒泡与月亮泡属于姊妹泡，月亮泡是《辽史》春捺钵记载的鱼儿泺，沿岸应该有春捺钵遗址，所以后套木嘎考古队也开始在月亮泡寻找春捺钵遗迹。尹家窝堡遗址被列入疑似春捺钵遗址的对象，2014年申请对其发掘。史宝琳（Pauline SEBILLAUD）负责发掘，挖开土台，发现过滤池（淋卤坑？）等提炼土盐的遗迹，确定这里不是春捺钵营地，而是盐场[①]。这是我国辽金考古上第一次发掘到土盐遗址，十分重要。

尹家窝堡遗址是史书记载的金代肇州盐场之一部分，因为在第5号土堆的顶部发现了金代墓葬，所以年代最晚在金代[②]。

《辽史·食货志》记载，辽代长春州设置了盐铁司，管理土盐生产与销售，所以辽代春捺钵区域已经有土盐生产，供春捺钵群体和其他地区使用。

---

① 吉林大学边疆考古研究中心等：《吉林大安市尹家窝堡遗址发掘简报》，《考古》2017年第8期。

② 刘晓溪、SEBILLAUD Pauline、刘守文：《"肇州盐"的考古发现与金代东北地区的土盐生产》，《盐业史研究》2024年第2期。

三、面对台基心种草

东山头建筑址位于吉林省大安市月亮泡镇东山头村葛喇嘛屯东北侧，处于嫩江西侧的二级台地上，台地落差十余米。20世纪80年代，吉林省文物工作队曾对东山头建筑址进行过考古调查，根据遗址地面遍布的青砖、筒瓦、板瓦、兽面瓦当和陶瓷片等遗物，将东山头建筑址定为辽代的高台建筑，并认为月亮泡是辽帝捺钵巡游之地，遗址中的高台建筑应是瞭望类建筑，起警戒和守卫作用，周边遗址应是瞭望建筑的附属建筑。

2012年孔令海陪笔者到建筑址考察。一个高大的夯土台基，孤零零立于嫩江岸边二级台地边缘，选址特殊。笔者观察到台基夯土质量非常好（图八十一），类似塔虎城的城墙夯土，怀疑是辽代春捺钵的行宫。这个最初的印象埋在笔者心中十几年，挥之不去，每有机会就让学生到东山头走走，奢望能找到瓦当。

2014年春，笔者带领研究生到东山头遗址做了一天调查。夯土台基四边被严重破坏，现存高出的台子是残余体，原本台基比现存高台大。笔者用考古手铲刮台子边缘

▲图八十一　"行宫"台基夯土

的拐角，找到角点（图八十二），用皮尺测量，初步测量高台底边：长29米，宽14米，高3米。方位北偏东30度。

▲图八十二　找台基的拐角（右起：谷峤、卢成敢、冯恩学，左上为孔令海）

学生在坡下地面捡到篦点纹陶片，遗址年代上限可以到辽代。遗址还采集到钧窑瓷片、磁州窑金元时期瓷片，遗址的年代下限到金元时期。建筑基址的年代是辽还是金，尚无法确定。

四、发掘勘探露真容

2023年因为旧公路需要重新修筑地基，借此机会，吉林省文物考古研究所和吉林大学联合对该遗址的公路波及的区域进行考古发掘。石晓轩领队，王晓明主持发掘。博士研究生高铷婧负责的探方出土了龙纹瓦当残件（图八十三），后来又有几件龙纹瓦出现，风格是金代的，兽面瓦当和花纹瓦当也与塔虎城瓦当相同。武松利用西北角台的残段面做了解剖沟，确认是围墙，最底层有木炭和碳化的种子，碳-14测年到辽代中晚期。

地面观察和从航拍片观察，夯土高台基址似乎位于一个方形东南角边缘，十分奇怪，令人难以理解。2024年春吉林大学考古调查队开始钻探，确定地表看到的夯土台基位于东南角是假象，真正的东围墙在坡下，已经被破坏，夯土台基位于方城之内，城堡的平面轮廓才露出真容（图八十四）。

东山头高台建筑位置特殊，位于二级台地边缘，东侧台下即转坡地，视野开阔。从位置图可以看到，东山头建筑址位于月亮泡、他拉红泡、嫩江三者的夹角内，到三处水域活动都很方便。多年来的反复调查和最近两年的发掘、勘探都没有发现佛寺的遗迹遗物，加之龙纹瓦当的发现，该院落是简陋"行宫"的可能性很大。这个课题还需要进一步研究。

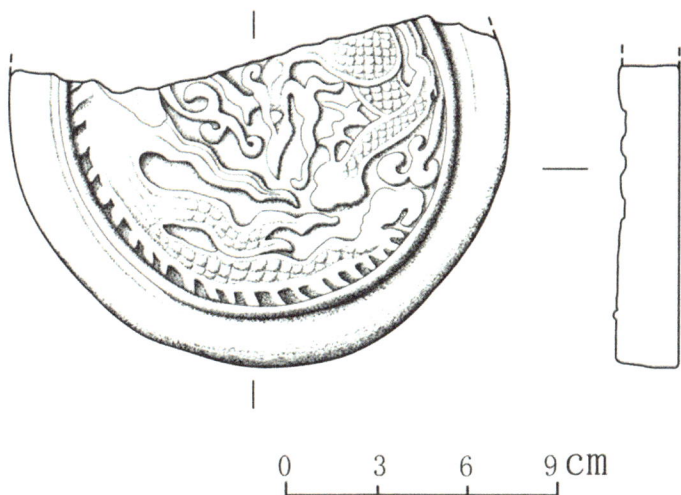

▲图八十三 东山头高台建筑址出土龙纹瓦当
（23DDGT1406⑤B：5）

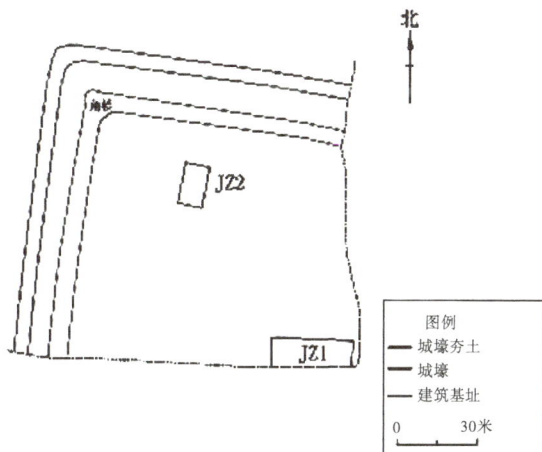

▲图八十四 勘探后确定的简陋"行宫"平面布局

第二节 巡游中心嫩江湾

一、不露真容半拉城

1913年成书的《大赉县志》中记载："城南门外古城旧迹，土名半拉城，相传金兀术曾驻兵于此。四面土墙犹有存者，高丈余，宽五六尺，但经风雨摧残墙垣破坏而城形依然不泯。现今经土人开垦，成熟禾稼颇甚丰美，怀古者不禁于代远年湮之余，而兴沧海桑田之感。"

由《大赉县志》可知，20世纪初半拉城遗址四面土墙依然有残留墙体，"城形依然不泯"，残存的墙体高3米多，宽约2米。从城墙宽度"宽五六尺"推断，城址规模可能较小。经过解放后大规模的城镇建设，大赉县城墙早已不复存在，半拉城遗址也被破坏殆尽，或被民房占据，地表已无土墙迹象可循（图八十五）。

2013年大安市南郊城南村建设取土过程中，不断出土石构件、滴水和铁器（图八十六），这引起了大安酿酒总厂孔令海的关注，他将城南村出土遗物征集收藏于吉林大安辽代酿酒文化博物馆中[1]。其中的鱼形铡刀是金代流行的铡刀式样（图八十六，7、10）。

大赉城墙在1949—1984年拆除，目前已经看不到痕迹，城壕变成马路。根据居民口述，大赉城四至清楚，南门位于今大安市南湖中路与嫩江街交会处[2]。2014年3月，笔者带领研究生，在孔令海陪同下对大安市半拉城遗址进行调查，当时市区建设正在

---

① 武松、冯恩学：《大安市半拉城遗址调查简报》，《东北史地》2014年第5期。

② 李朵、周冰、梁建军、邹德秋、孙恒臣、霍东峰：《吉林省大赉城的调查与研究》，《北方文物》2016年第2期。

▲图八十五　大安市区辽金时期主要遗存分布图

1.城南村（疑似半拉城）　2.三圣庵　3.酒厂铁锅与钱币窖藏　4.青铜坐龙的二龙戏珠纹方座出土地

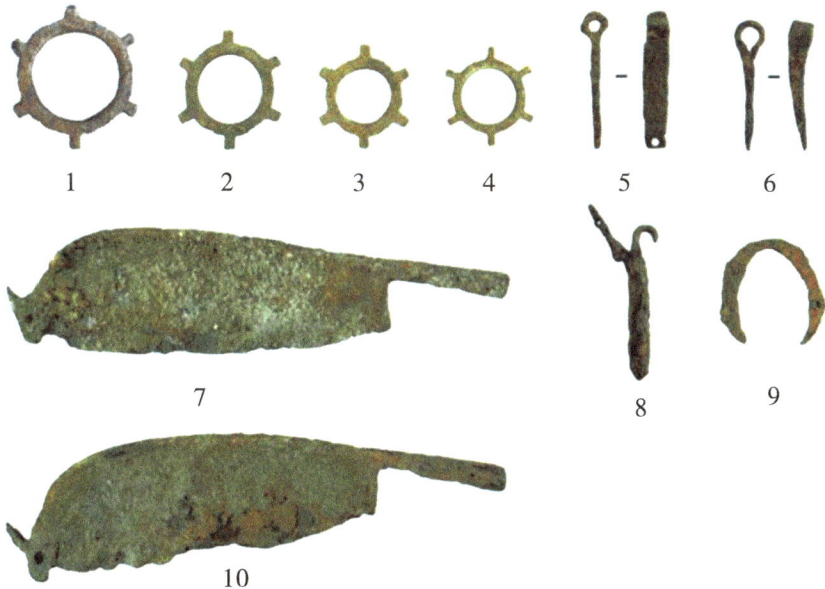

▲图八十六　吉林大安辽代酿酒文化博物馆收藏的城南村一带出土的辽金铁器

1—4.车辖　5、8.铁器　6.铁尖钩　7、10.铡刀　9.马蹄铁

向南扩张，地面只发现几个素面灰陶片，不能判断是辽代之城。在黑鱼泡北和沿江地带的住宅院子里发现零星几片辽代陶片，这个范围已经在大赉城之东，不属于半拉城内范围。

2024年4月，吉林大学春捺钵沿嫩江调查考古队在黑鱼泡北岸的一个高地基建现场调查时，在剩余的土台上采集到辽代陶片（图八十七），虽然尚无法确定这是不是半拉城内的地层，但对推断半拉城的年代具有重要参考价值。

三圣庵院子内种植的树木下曾挖出辽代陶片，于是考古队到三圣庵寻访（图八十八），看到采集的辽代契丹陶片，院子果树下也发现有辽代陶片。辽代陶片散布

▲图八十七　黑鱼泡北岸高地采集篦点纹陶片

▲图八十八　三圣庵调查合影（左起：高海洋、罗智文、赵东海、梁建军、妙音、高钿婧、刘晓敏、李明纯、张一曼）

之广，与春捺钵人多、占地面积大的特征有类似之处。

遗憾的是，本次调查本准备找城墙和城壕，但因为城址已经被现代建筑覆盖，无法开展钻探，也就不能确定半拉城的规模和位置。

半拉城可能是辽金时期的古城。古城曾经为保障辽金皇帝捺钵提供支持，辽金捺钵结束，城址人口迁走，元明时期遭到毁坏，此地地名变成蒙语"莫洛红岗子"，在清代已经变成残破的半拉城。在城北的"莫洛红岗子"修建了大赉城。

二、平静江湾安流殿

（一）鸟影相碰解安流

大安市东北郊区是嫩江湾湿地公园，嫩江主河道在远处，近处是宽阔的江湾水汊，边缘形成沼泽湿地，水草丛生，水禽聚集（图八十九、图九十）。

2015年夏，笔者走到嫩江湾国家湿地公园观看水中隐约游动的鱼，无风的水面很平静，蓝水内有白云，一只鸟从水中云影向上斜直飞来，飞到水面时，突然水上一鸟

▲图八十九　平静如镜的嫩江湾一角（2014年）

▲图九十　嫩江湾圈河鹅影（2014年4月14日）

斜飞直下，两鸟相撞于一点，水面荡起水花涟漪，鸟不见了！笔者感到惊奇并醒悟：原来水中的飞鸟是天空中飞鸟的影子，飞鸟点水抓鱼，所以空中俯冲的鸟与水面倒影之鸟才能相撞于一点。站在一旁的孔令海说："这样的景象经常能看到，所以我的《大安赋》中有'鸟翔水里，鱼游云中'。"

《辽史·道宗二》载："（咸雍）三年春正月辛亥，如鸭子河。甲子，御安流殿钩鱼。"[1]2021年，笔者便思考过安流殿位置的问题。安流殿必在鸭子河岸边，距离

---

① ［元］脱脱等撰：《辽史》卷22《道宗二》，中华书局，2016年，第302页。

水面很近，方能"御安流殿钩鱼"。"安流"是水流安静平稳的意思，鸭子河只有嫩江湾处水面平静如镜面，符合安流特征。所以安流殿应该在大安嫩江湾岸边。

（二）蚌聚堆墙有北珠

2014年4月15日，笔者和新华社吉林分社周长庆走进嫩江湾国家湿地公园，看见江面之上有几艘船捕捞江蚌，我们拍摄了照片（图九十一）。

嫩江湾国家湿地公园附近水底，冬天有大量的蚌集聚在此，江底的蚌堆被当地人称为"嘎拉墙"，因为东北土语把"蚌"叫"嘎拉"，来自"蛤蛎"之音转。5月初，聚堆的蚌开始向外扩散。所以在4月冰层完全融化至5月上旬之间，嫩江湾水面有很多船捕捞蚌，机械大船、手摇小船密布。船工手持刀，麻利地划开蚌，割肉后把蚌壳扔到江里。现在保护江蚌，禁止捕捞，已经看不到这样的场景了。

江蚌为何聚集在此，抱团取暖过冬？这是一个自然之谜，原因不明。笔者猜想，东北的冬季寒冷，而这里水面开阔，底面是松软的泥土，水流平缓如湖，温度高于水流湍急的河沙底的主河道，因此江蚌在此聚堆冬眠，度过难熬的寒冬。等到五月份江水温度升高，蚌堆则散开到各地觅食。

《三朝北盟会编》记载："天祚尚北珠。而北方冷寒，九十月则坚冰厚已盈尺矣。凿冰没水而捕之。人以为病焉。又有天鹅能食蚌，则珠藏其嗉。又有俊鹘号海东青者，能击天鹅。人既以俊鹘而得天鹅，则于其嗉而得珠焉。"

北珠，也叫东珠，产于黑龙江水系。宋代市面上的珍珠既有南海所产的珍珠，也有产自北方的珍珠。为了区分这两种珍珠，将产自北方的珍珠称为"北珠"，而产自南海的珍珠称为"南珠"。北珠产量少，流入宋地更少。"北珠，在宣和间，围寸者价至三二百万。"

蚌潜伏在泥土之上，浅湖需要在枯水期凿冰排水，露出湖底取蚌，是竭泽而渔的方法。嫩江湾江蚌聚集成堆，堆长条形如一道蚌墙，不用排水，用抓网深入水底就能捞出，网网不空。这里蚌资源丰富，天鹅吃蚌肉，天鹅吞珠的概率就高（图九十二）。

主河道距离较远，宽阔的嫩江湾，看不到江河所具有的水流的漩涡、浪花、波浪，也看不到漂浮流走的草叶，而是平静如镜的水面，是安静的江河水流，所以嫩江湾在辽代有可能称为安流湾，安流湾岸上的行宫房子叫安流殿。

▲图九十一　追逐蚌墙捕捞忙

　　（2014年）

◀图九十二　东珠

　　（2014年5月13日）

（三）大安捕获大鳇鱼

2014年5月12日清晨，大安市一位渔民在嫩江湾北侧的"老北江"捕获一条超级大鱼，寻找饭店买家。消息传出，被孔令海得知，他立刻找到渔民，看到从未见过的样子奇特的大鱼，立刻用5万元高价买下来。恰巧，当时任吉林省长白山文化研究会会长的张福有、任白城市博物馆馆长的宋德辉以及松原文化研究专家李旭光等在大安落实吉林省委关于春捺钵文化的调查工作，经过讨论认定，这确实是一条鲟鳇鱼。经过现场测量，鱼全长2.4米，头部宽35厘米，厚28厘米，两侧胸鳍含鱼体总宽86厘米，重约280斤。大鱼先是被大网网住，后用钩子挂着捞上岸，鱼受伤严重（图九十三，1）。笔者于次日赶赴大安，目睹了这条受伤的大鱼，它的样子太奇怪了。等笔者再去大安时，这条鱼已经成为标本，保存在吉林大安辽代酿酒文化博物馆大厅内（图九十三，2）。

▲图九十三　在嫩江湾附近捕获的大鳇鱼

1.捕获后的大鳇鱼（张福有2014年5月12日拍摄）

2.制成标本后的大鳇鱼（张松拍摄）

鳇鱼主要生长在黑龙江和其支流，为洄游鱼，成鱼可达千斤以上，是陆鱼之王。洄游到松嫩地带的很少，捕获很难。它们生性喜静，常年在江河底下的河床淤沙中静卧，每年谷雨至端午节前后，当江水水温上升至15摄氏度之上时，才游至水面觅食。

嫩江和松花江都属于黑龙江水系，黑龙江东注日本海。辽圣宗之前春捺钵的水系都属于注入渤海的水系。水系不同，鱼的种类也有差别。可见，辽帝在松嫩交汇地带春捺钵时，能吃到鳇鱼、"三花五罗"等其他黑龙江水系的鱼类。

（四）宫舍泡子鲤鱼圈

嫩江湾国家湿地公园内的泡子旧名为宫舍泡子（近年改名玉龙湖）、官家亮子（图九十四）。

▲图九十四　嫩江湾国家湿地公园南侧一角（2014年）

亮子，东北方言，又称鱼亮子，是指设置亮子障碍逼迫鱼游进入口，在口部接鱼的方法。憨亮子捉鱼的方法有两种。

第一种是木排亮子，或篱笆亮。用柳条或苕条编织一个大圆囤子，称为"须联囤"，囤子中间口有一圈向内的须条。把囤子放在水中篱笆的接口处，囤子的入口正对水流，鱼顺水流冲进"须联囤"内，遇阻洄游则遇到须条回转，不能从入口出来。这是一种简单、省事的接鱼方法。在截断水流处构筑亮子，砸木桩叫"砸亮子"，用柳条插成篱笆墙的叫"扎亮子"。

第二种是用石头垒砌长堤，拦截水流中的鱼，留一个口子顺水接鱼。修建亮子叫"垒亮子"。

"官家亮子"是官府修建的鱼亮子。两条长堤憨鱼于内，形成湖，即"宫舍泡子"。

嫩江湾有一条人工的弧形古河道，土称为"圈（quān）河"（图九十五），孔令海一直坚持读"圈（juàn）河"，即牛圈、马圈、鱼圈之圈，所言甚是。这条河是一

▲图九十五　圈河入水口

段弧形，不是圆形。其位于江湾西北部，是嫩江河道和宫舍泡子之间联通的一条人工河道，在半岛的根部截断，嫩江水从圈河流入宫舍泡子，水从东南的官家亮子流出入江。圈河—宫舍泡子—官家亮子，构成一个完整的活水养鱼池，清代称为"鱼圈"。防洪堤是中华人民共和国成立后修筑的，游泳区景点是近几年修筑的，都是从宫舍泡子分割出来的部分。

嫩江湾的鱼圈应该是清代打牲乌拉衙门所属的鲟鱼圈之一。清代文献记载，谷雨之后，鱼丁们用大眼网荡鱼入圈，用木排桩把圈口封堵，水流走动，鲟鱼被隔在圈内。冬天捕鲟鱼和杂鱼，各地鲟鱼圈的大鲟鱼被集中在前郭尔罗斯的站点，然后装车运送到北京皇宫。圈河之所以被称为圈河，突出河乃圈也。因为鲟鱼体大食量大，清代记载鲟鱼圈要打鱼投喂。春夏把鲟鱼荡入圈河，只在入水口用插排封住，大鱼可以到开阔的泡子内生活，那里鱼多，食物丰富。等到结冰时拉网逼鱼入圈河，用木排封住出水口。到寒冬出鱼时，在狭窄的圈河内捕捉就很容易。

清代打牲乌拉衙门指挥下修建的鱼圈称为"官家亮子",是顺理成章的事。但是,称为"宫舍泡子"就不符合逻辑。

因为岸边有安流殿行宫,宫舍应当是管理行宫人员的办公处。"官家亮子",指鱼亮子是官府所有;"宫舍泡子",指养鱼泡子是宫舍所有,都是从归属关系得名。以此可推测,嫩江湾的鱼圈应该是辽代修建,辽金春水使用,清代沿用。若果如此,这是迄今年代最早、延续时间最长、保留最完整的鳇鱼圈遗迹。

春捺钵本质上是契丹追逐水草游牧生活的一种特殊形式,转换营地是主要特点,并不是到达一地常驻三个月。大安市嫩江湾位于辽帝春捺钵巡游路线的中心位置,南来北往,北来南往,都可能经过此地。嫩江湾有着独特的春捺钵需要的自然地理和资源优势,独具安流平静特征。所以,笔者认为安流殿应该在大安嫩江湾岸边。

三、岸边金宫设坐龙

2024年4月,吉林大学春捺钵考古调查队队员在参观大安市博物馆陈列品时,注意到一件青铜器座,硕士研究生高海洋回到学校查找资料发现是金代坐龙之座。笔者就当年该座的出土情况询问了大安市博物馆原馆长梁建军,他说是20世纪90年代嫩江湾国家湿地公园门口旁出土的,在挖掘地铺线开掘一条沟,距离地面大约50厘米深处发现,他亲手拿回来的,当时以为是饰件,出土地点现在已经成为停车场。

嫩江湾岸出土青铜坐龙之座,单面是二龙戏珠图案(图九十六,1)。与之类似的器座在张家口太子城和张家口博物馆均有发现(图九十六,2—3)[①]。

蹲龙,也称为坐龙,是模仿狮子蹲坐像创生出的龙造型。北宋《营造法式》已经有坐龙的使用,金代继承北宋传统,并在皇家建筑中扩大使用,河北太子城是金代夏捺钵的行宫[②],出土了一件完整的青铜坐龙。高海洋对笔者说,北京房山金陵地面发现有石坐龙,也有圆形台,是栏杆柱头。考古发现的金代青铜坐龙也可能是套在柱子上的,内壁都有白灰,属于柱头装饰。笔者认为很有道理,二者上部的造型一致,青铜器下部的方筒座起到固定作用,做成方形是为了固定龙的方向不会歪斜。

---

① 杨洁:《张家口市博物馆藏龙纹铜器座的时代及相关问题》,《北方文物》2024年第3期。

② 河北省文物研究所等:《河北张家口市太子城金代城址》,《考古》2019年第7期。

▲图九十六 金代青铜坐龙

1.嫩江湾出土铜器座　2.太子城出土铜坐龙及器座　3.张家口博物馆藏铜器座

2024年春夏嫩江湾金代春捺钵行宫的确认，解决了宫舍泡子的名称来自行宫住房的问题，同时把笔者对安流殿在嫩江湾岸边的推想向实证方面推进了一大步。金代坐龙下的二龙戏珠纹方座的辨识，又为确定金代混同江行宫的位置奠定了基础。这件器物应该是金世宗于大定二十四年（1184年）出巡上京，"丙寅，次东京""乙酉，观渔于混同江"，金世宗驻跸混同江行宫使用的坐龙之柱头座。安流殿是辽代行宫，金代沿用改名为混同江行宫。

第三节　捺钵文物有特色

一、契丹出行猴辟邪

为了旅途和狩猎安全，契丹人喜欢携带猴子辟邪（图九十七），没有猴子就在鸡冠壶上做出猴子像，或者画上猴子图，期望猴子保佑人畜平安（图九十八）[1]。

---

[1] 赵明星、陈春霞：《论鸡冠壶上的塑猴习俗》，《北方文物》2004年第3期。

▲图九十七　库伦6号墓墓道北壁所绘骑于驼背上的猴子

▲图九十八　带有猴子像的鸡冠壶（驼峰壶）

二、童子神偶护身符

2018年，博士研究生王春委在春捺钵遗址藏字区调查时，在土包（编号D004-7）地表发现铜人像两件，一件通高5.7厘米，另一件通高6.4厘米（图九十九，1—2）[1]。

同样的铜人像在尹家窝堡遗址也有发现，是在一个金代墓中发现的，悬挂在主人的胸前，是护身符（图九十九，3）[2]。

这类铜人像，过去在金上京和辽上京地面有很多发现，现收藏在当地博物馆内（图九十九，4—5）。铜人像在辽上京遗址内外出土数量最多，王青煜先生在《辽代人纽押印管见》中介绍，仅巴林左旗林东镇的文物爱好者手中就有200余枚，几乎所有的铜人像类型在辽上京地区均有发现，有的铜人像是印章，印文可能为契丹大字的青铜押印，故铜人像很可能在辽代已经出现。辽上京城在金代仍然使用，曾为金朝的北京，故该遗址发现的铜人像亦应有金代的遗物。总之，铜人像在辽代晚期已经出现，金代大量盛行，直至金末[3]。

| 1 | 2 | 3 | 4 | 5 |

▲图九十九　辽金时期铜人像

1—2.春捺钵遗址藏字区采集铜人像　3.尹家窝堡遗址M1出土铜人像

4.辽上京遗址出土铜人像　5.金上京遗址出土铜人像

① 吉林大学考古学院等：《吉林乾安县辽金春捺钵遗址群藏字区遗址的调查与发掘》，《考古》2022年第1期。

② 吉林大学边疆考古研究中心等：《吉林大安市尹家窝堡遗址发掘简报》，《考古》2017年第8期。

③王春委：《辽金时期青铜童子像初步研究》，《北方文物》2024年第6期。

三、神鹰最俊海东青

（一）勿吉贡道辽鹰路

海东青，体小勇健的鹰隼，也被称作"鹘""矛隼"，产于大海东岸的黑龙江下游附近地区，青灰色，故称海东青。翅膀强而有力，善疾飞及翱翔，嘴、脚强健并具利钩，适于抓捕及撕食猎物。辽墓壁画中常有契丹人臂擎海东青的场景（图一百）。

《魏书·勿吉传》记载勿吉到龙城的朝贡道，乘船沿着松花江顶水上行，到嫩江大转弯处的洮儿河口，舍舟登陆，改为陆行。大安有老坎子码头，方便停船，应该是水陆转换的节点。

1   2   3

▲图一百 辽墓壁画中的海东青

1.巴林左旗白音罕山辽墓前室西壁壁画   2.敖汉旗喇嘛沟辽墓西壁壁画   3.库伦6号墓墓道东壁壁画

（二）放海东青捉天鹅

《契丹风土歌》描述了辽朝契丹春捺钵围猎天鹅的场景。《辽史》对春捺钵皇帝放海东青捕捉头鹅的场面记载如下：

> 天鹅未至，卓帐冰上，凿冰取鱼。冰泮，乃纵鹰鹘捕鹅雁。……鹘擒鹅坠，势力不加，排立近者，举锥刺鹅，取脑以饲鹘。救鹘人例赏银绢。皇帝得头鹅，荐庙，群臣各献酒果，举乐。更相酬酢，致贺语，皆插鹅毛于首以为乐。赐从人

酒，遍散其毛。弋猎网钓，春尽乃还[1]。

陈国公主墓中曾出土过刺鹅锥实物（图一百〇一）。

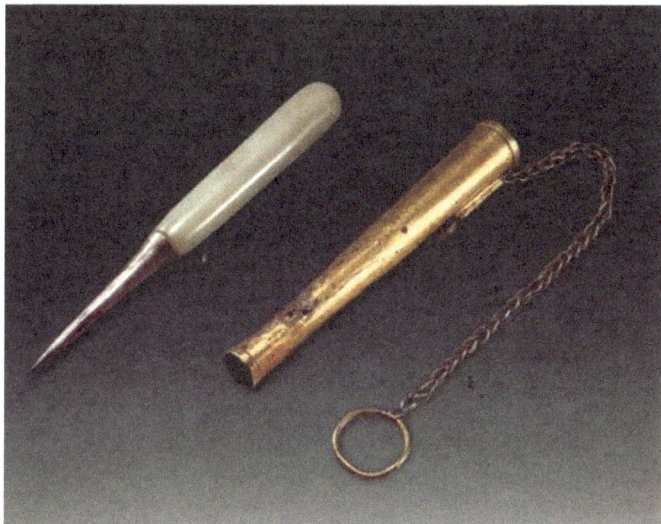

▲图一百〇一 辽陈国公主墓出土刺鹅锥

至辽代晚期，春捺钵亦有春水之称。如《辽史·兴宗三》载："十七年春正月丁亥，如春水。"[2]再如《辽史·道宗三》记载，道宗"二年春正月己未，如春水"[3]。"捺钵"为契丹语音译，而"春水"为汉语。

金朝女真皇帝也效仿辽帝进行春水活动。《金史》中有二十余次与春水相关的记载，如《金史·熙宗纪》，记载熙宗在天眷元年（1138年）"二月壬戌，上如爻剌春水"[4]。再如《大金国志·卷一一》载，皇统三年（1143年）谕尚书省，"将循契丹故事，四时游猎，春水秋山，冬夏刺钵"。金承辽旧俗，推测其所谓春水活动应与《辽史》中春捺钵（春水）相近，其中重要的一项为纵鹘捕鹅。

金代春水与辽代春捺钵的不同之处在于春水活动完全以捕鹅为中心。如赵秉文的

---

① ［元］脱脱等撰：《辽史》卷32《营卫志中》，中华书局，2016年，第424页。

② ［元］脱脱等撰：《辽史》卷20《兴宗三》，中华书局，2016年，第272页。

③ ［元］脱脱等撰：《辽史》卷23《道宗三》，中华书局，2016年，第315页。

④ ［元］脱脱等撰：《金史》卷4《熙宗纪》，中华书局，2020年，第80页。

《扈从行》，"圣皇岁岁万几暇，春水围鹅秋射鹿"。《春水行》中更有鹘击鹅坠场面的介绍，"内家最爱海东青，锦鞴挈臂翻青冥。晴空一击雪花堕，连延十里风毛腥"。众多诗文与鹘捕鹅相关，足见金代对于春水和纵鹘捕鹅活动的重视。

1980年黑龙江省阿城县（今黑龙江省哈尔滨市阿城区）双城村金墓出土3件鹘捕鹅纹鎏金铜腰带饰（图一百〇二，1）[1]。关于鹘捕鹅纹饰，《金史·舆服志》载："其胸臆肩袖，或饰以金绣，其从春水之服则多鹘捕鹅，杂花卉之饰，其从秋山之服则以熊鹿山林为文，其长中骭，取便于骑也。"[2]对于带饰材质有更为详尽的记载，"吐鹘，玉为上，金次之，犀象骨角又次之。銙周鞓，小者间置于前，大者施于后，左右有双铊尾，纳方束中，其刻琢多如春水秋山之饰"[3]。

吉林省舒兰市金代完颜希尹家族墓二墓区M5，即完颜希尹孙完颜守宁墓出土一对玉屏花（图一百〇二，2），牙骨色玉质，玉质较差。于环托之上起浮雕，为浮雕、透雕相结合，雕刻较为生动。底层为一截面近圆形的圆环，其上浮雕出天鹅、海东青和花叶。海东青圆头、尖喙，一只翅膀弯曲，击打天鹅的头部，另一翅膀伸展开，尾巴粗长，以利爪抓住天鹅的头部与颈部。天鹅颈部纤细，身小翅长，可以说数倍于身长，羽翅边缘为锯齿形。天鹅项下为几朵卷草纹图案，直径2.4厘米。

到了元代春水玉上才有了饱满的莲花和翻卷的莲叶（图一百〇二，3）。明梁庄王墓出土的春水玉带饰（图一百〇二，4）与金代出土者差距较大：鹅身肥硕，翅膀短小，整体圆润饱满，是继承元代的风格，然而鹘却十分呆板，尾和翅同在鹅颈部的一侧，完全不见攻击态势。春水题材在明代并不少见，甚至在绘画作品上亦可见到此类题材（图一百〇二，5）。细节的刻画与整体的构图都与梁庄王墓春水玉上呆板的形象相近，天鹅振翅飞翔，鹘落在天鹅头上，有应答呼应之状，生死相搏的意境全无，流于形式。

---

① 阎景全：《黑龙江省阿城市双城村金墓群出土文物整理报告》，《北方文物》1990年第2期。

② ［元］脱脱等撰：《金史》卷43《舆服下》，中华书局，2020年，第1054页。

③ ［元］脱脱等撰：《金史》卷43《舆服下》，中华书局，2020年，第1055页。

1

2

3

4

5

▲图一百〇二 海东青捕天鹅艺术品

1.黑龙江省哈尔滨市阿城区双城村金墓出土鎏金铜带饰 2.吉林省舒兰市完颜守宁墓出土春水玉帽饰 3.故宫收藏的元代春水玉 4.明梁庄王墓出土春水玉带饰 5.明代画作中鹘捕鹅形象

第四节 实证中国白酒起源

一、锅灶位置定年代

2006年6月，大安酿酒总厂在老厂房南部开挖楼房地基时，曾挖出铁锅、瓷瓮等遗物，部分遗物放在厂房仓库地面上，当时有工人找收废品的人想卖掉铁器，收废品的人看后说没有回收利用价值（图一百○三）。2009年，孔令海参观水井坊的古代酿酒遗迹时受到启发，认为这些遗物也是古代烧酒设备。

吉林大学边疆考古研究中心在大安后套木嘎建立实习基地时，孔令海曾到工地参观慰问。2012年2月，孔令海找到吉林大学边疆考古研究中心主任朱泓教授，要对这些出土铁锅做年代鉴定。2月15日，笔者被朱泓教授派到大安做鉴定。中午到达时，正值厂房搬迁，库房内空荡荡，地面凌乱地堆放着东西，其中有几堆炉灶石及铁器等杂物（图一百○四），厂房内没有暖气，很冷。笔者扫了几眼杂物堆中的几件铁锅，有辽金常见的六耳锅和小锅，其他没有断代的东西，大铁锅也没有断代特点。炉灶石分几处存放，每块形状基本相同，能围成圆形，有被火烧过的痕迹。

半小时后回到门房兼厂房办公室，笔者想这没法鉴定年代，需有发现现场的照片，才可以了解更多信息。于是问孔令海："你们盖楼打地基，有没有拍现场的照片？"他回答说，有啊，拍了很多，便让张伊波把挖地基的照片拿来。过了20分钟，张伊波手里拎着一个买菜用的白色塑料袋，照片散装在袋里。据酒厂工作人员介绍，这些遗物是2006年大安酿酒总厂车间厂房南侧的住宅楼挖地基时，在楼基东端发现的。从厂子保存的修建地基拍摄的档案照片袋子中，找到了有重要价值的现场拍摄的彩色照片8张。

2012年4—5月调查整理时，笔者走访了几位参加挖掘基坑的工人，反复几次现场分析比对了照片。在地基坑全景照片上，北侧有房子的南墙，根据窗户、门与室外

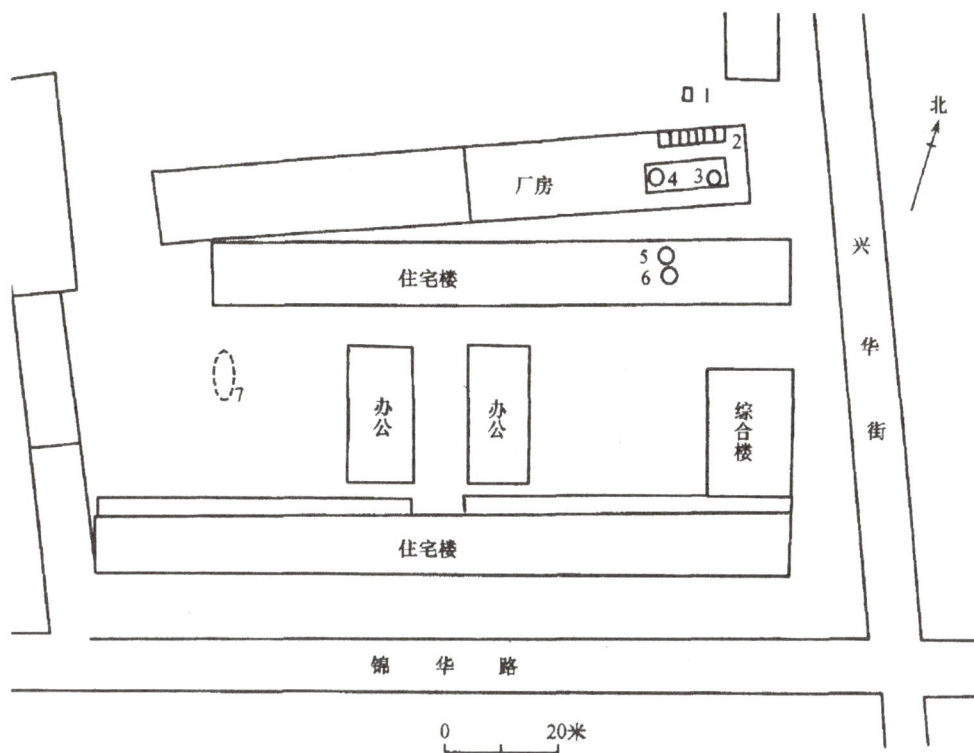

▲图一百〇三 大安酿酒总厂遗迹分布图

1.探沟 2.木板发酵池 3.现代燃气铁皮灶 4.近代烧柴砖灶 5.古代石灶锅 6.古代石灶锅

▲图一百〇四 大铁锅和炉灶石

楼梯等细微特征可以确定为现存酒厂厂房的南墙（图一百〇五），因此确认他们回忆的出土地点是准确的，即与厂房相邻的住宅楼。当事人讲述铁锅、炉灶石、瓷缸出在东端，我们整理时再次把一张挖掘铁锅现场的照片在电脑上放大观察，又有重要新线索：一口圆形铁锅放在白色石块砌筑的圆形炉灶上，虽然有浮土遮挡，但在彩色照片中白色的石块边缘很清晰（图一百〇六，3），其旁边还有一个并列的直径相等的圆形炉灶，只露出一个弧形的锅或灶的边（图一百〇六，4）。

在电脑中放大基坑照片观察，看到右侧（依阳光投影分析是东侧）边缘有红砖垒砌的墙体（图一百〇六，4），可能是排水道的墙，以此为线索，再次在电脑中放大基坑全景照片，在基坑东部南北两壁找到了红砖砌筑的排水道的断口，南口低，北口高，是老酒厂厂房的排水涵洞。南壁排水道涵洞已经打破生土，北壁排水涵洞全部在黑灰土中，与挖掘铁锅的照片比对，铁锅东侧的砖墙涵洞下也是黑土，工人还向涵洞墙下的黑土掏挖出洞，所以可以确定铁锅炉灶的位置在基坑的北半部，而且两个炉灶是南北向分布，与排水涵洞的方向一致。随后我们又到达现场分析，通过与厂房的门窗位置比对，确认了锅灶位置大约在距离楼房东墙17米处。

以上的分析证实了工人们记忆的正确性。孔令海等还回忆说，在铁锅附近还有一个深坑，基建要求挖到生土为止，但这个坑很深，最终也没有挖到底，工人用钢筋和石头封住了坑口。这个深坑有可能是水井。

二、遗迹现象分析

基建盖楼挖掘地基使用挖掘机进行，照片显示挖掘的方法是人工挖井式地向下挖掘成一个深坑，是什么原因导致工人必须这样挖？坑底部虽然有浮土，仍然能看清是一周圆形的白色石板砌筑的一个锅灶（图一百〇六，3、4），边缘不是特别规整，这与库房收集的石板特点相符，多数石板边长30厘米左右，宽边与相对的窄边相差3厘米，便于围成圆形，一部分石板的表面有被火烧烤的痕迹，可以确定库房的大多数石板是炉灶石。这类锅灶与酒厂内发现的近现代锅灶明显不同（图一百〇六，1、2），年代应该更早。铁锅完整，正放在灶口内，由于有积土覆盖看不清形制。现场拍摄的铁锅照片有两张，一张是大锅倒扣在地面上。另一张是两个口径相同、形状相同的大铁锅倒扣在一起，上面的大锅腹部有一个腐蚀孔，与库房现存的大锅腹部有一孔特征

▲图一百〇五 楼基坑照片

1

2

3

下水道涵洞壁

4

▲图一百〇六 酒厂发现的三种贴地灶

1.现代烧酒灶 2.近代的砖砌烧酒灶 3.古代石灶和大铁锅发现状态 4.石灶锅挖掘现场

吻合。两个人用钢卷尺测量锅，锅上有围观者的人影（图一百〇七）。这两张照片中铁锅的形状特点与我们整理拼对复原的铁锅形状特点相同，可以确认照片中的两个锅就是库房现存的铁锅。

▲图一百〇七　孔令海在测量新挖出的铁锅

石灶台的边缘较窄，其外呈斜坡状的细土面分布为圆形，可能是锅内的细土面被刮扫到周围所致。相邻的北部也有一个圆弧，照片放大后边缘整齐，是另一个大锅的边缘（2号灶）。其上面放置一件盉形器物，卷沿，直腹，白色，特写照片显示表面有砂粒突起，遂判断为夹砂陶器。这件器物完整，仅露出一半，大部分在泥土之中，电脑放大后可以清楚观察到旁侧有一个穿孔，露出一半，穿孔边缘圆滑。形态特殊，用途不明。照片显示，工人的挖掘坑正对着1号锅竖直下挖，说明在其上面发现了一件使他们感兴趣的器物，我们推测当时的挖掘程序有可能是：工人在用挖掘机挖土时最先碰到了令他们感兴趣的东西，于是工人们停止机器作业，猜测下面有古代文物，在好奇心的驱使下，手工向下挖掘成坑状，露出1号灶锅，灶锅较大。工人们又向外掏挖，遇到了盉形陶器和2号灶锅，形成了照片中的挖掘现场。停止挖掘并拍照后，工人们小心挖掘出这些器物，把铁锅放在墙角下进行了测量并拍照，通过图片可以看出，铁锅当时保存基本完整。

建筑楼房要求楼基必须挖到生土，楼房地基坑底部的南半部和中部土是黄灰色生土，靠北半部由于有黑影（房基坑的方向是西南—东北，照片在下午拍摄，所以北壁有黑影）而变暗了。北壁昏暗，颜色反差小，但是在电脑显示器上放大后也能看到生土层。从楼房基坑的南北壁上能清楚看到土层线，大体分三层：垫土层、黑灰土层、黄灰色生土层。以人、木槽子、涵洞为参照物，推算楼基坑深度大约在2.4米。北壁在涵洞西侧的垫土层约1米，黑灰土层厚1.2米，生土厚约0.2米。涵洞底到生土大约有0.4米厚度的黑灰土，向南锅灶所在的黑灰土文化层会更薄。我们用电脑把南北壁的涵洞底角连线，再把南北两壁的生土线连线，看到两条直线在中部交叉。照片看到靠南侧（也就是靠近基坑中部）的灶台，在涵洞之下，距离涵洞底边折角有一定距离，应该在0.3米以上，涵洞下土也被横向掏挖。虽然我们所测算的土层厚度不精确，但是可以确定，锅沿口和石灶台面距离生土地面很近，石灶台面距离生土地面的高度在0.2米以下，很可能在0.1米左右，属于超低型灶台。考古层位开口在黑土层之下，打破生土。

大赉城是清代在莫洛红岗子上修建的，地面有旧街基痕迹，应该是修建时破坏了辽金遗址。酒厂发现的锅灶的层位位置，应该属于辽金时期。

大铁锅已经锈蚀严重，出土几年后就自然碎裂。吉林省文化和旅游厅领导到大安酒厂博物馆考察（图一百〇八），肯定了铁锅的历史价值，看到碎裂的铁锅后，指示吉林省文物考古研究所派专家对其进行保护，时任省文物考古研究所所长安文荣派张玉春和高玉华等专家对大铁锅进行了保护和修复，大铁锅又恢复了完整形态。

三、碳-14测定年代

遗址出土一件瓷瓮。酱釉，圆口，厚圆唇，鼓腹，中腰以下收敛渐明显，平底。口部有残损，胎质粗糙，胎壁较厚。瓷瓮口部顶面无釉，露出土黄色胎体。外部施釉及底，外器底不施釉；内部施满釉，内底部因流釉而造成釉层薄厚不均。高86厘米，口径58厘米，底径26厘米，壁厚1.8厘米（图一百〇九，1）。

瓷瓮中有25厘米厚的原始积土，清理后发现有瓷片、陶片、骨头残片、炭灰、炉渣等。

瓷片 1件。为圈足白瓷碗的器底。胎质粗糙，胎内杂质较多。胎体表面遍

图一百〇八　时任吉林省文化和旅游厅厅长杨安娣和时任吉林省文化和旅游厅副厅长金旭东到大安市博物馆考察（左起金旭东、杨安娣、孔令海）

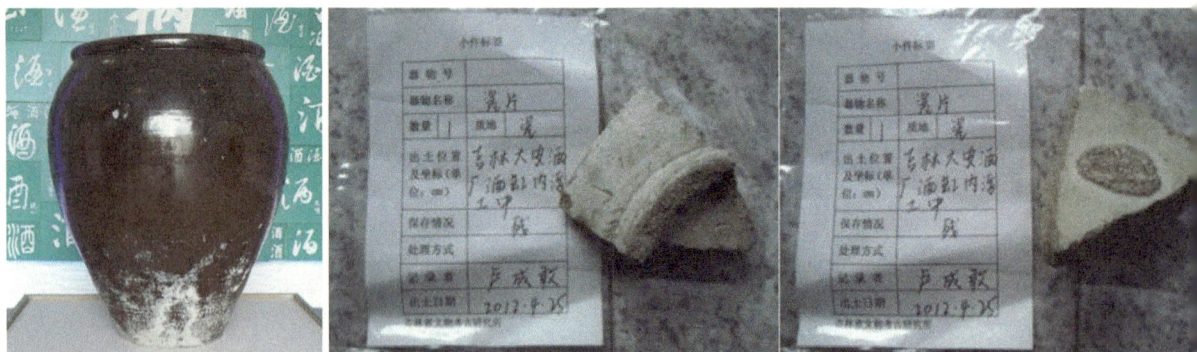

1　　　　　　　　　　　　　　　　　　2

▲图一百〇九　遗址出土瓷瓮及其内出土赤峰缸瓦窑辽白瓷碗底

1.瓷瓮　2.赤峰缸瓦窑辽白瓷碗底

施白色化妆土，釉色白中泛黄，外壁施釉不到底，内底有一块明显的支钉痕（图一百〇九，2）。属于缸瓦窑辽白瓷。

陶片 14件。包括腹片、器底残片，均为泥质灰陶，陶质较硬，火候较高，轮制。其中一片陶片表面有较细密的篦点纹。

布纹瓦 残块若干。泥质灰陶，厚重，内面有布纹。

以上这些陶瓷器均具有辽代特点。

瓷瓮内样本经北京大学实验室碳-14测定，碳样是公元1035年±25年（辽兴宗重熙九年—辽道宗寿昌六年），树轮校正年代在1030至1190年（辽圣宗太平年间至金世宗大定年间），骨骼的年代是公元1150年±40年，树轮校正后年代是1160至1280年（金海陵王正隆年间至元世祖至元年间），与依靠遗物特征判定的年代基本吻合（图一百一十）。（注：计算碳-14基年是1950年，即1950年是起点年，这是首届碳-14国际大会上规定的，是国际惯例）。

北京大学
Peking University

NO.20120156

加速器质谱（AMS）碳—14测试报告

送样单位 吉林大学边疆考古研究中心

送样人 冯学恩

测量日期 2012-10

Lab 编号	样品	样品原编号	出土地点	碳十四年代（BP）	误差	树轮校正后年代	
						1 σ（68.2%）	2 σ（95.4%）
BA120870	动物骨		吉林省大安市市区大安酒厂遗址瓷缸内积上中	800	40	1210AD（68.2%）1270AD	1160AD（95.4%）1280AD
BA120871	碳灰		吉林省大安市市区大安酒厂遗址瓷缸内积十中	915	25	1040AD（41.6%）1100AD 1110AD（26.6%）1160AD	1030AD（95.4%）1190AD

注：所用碳十四半衰期为5568年，BP为距1950年的年代。
样品无法满足实验需要，即有如下原因：送测样品无测量物质；样品成份无法满足制样需要；样品中碳含量不能满足测量需要。
树轮校正所用曲线为IntCal04（1），所用程序为OxCal v3.10 （2）。
1. Reimer PJ, MGL Baillie, E Bard, A Bayliss, JW Beck, C Bertrand, PG Blackwell, CE Buck, G Burr, KB Cutler, PE Damon, RL Edwards, RG Fairbanks, M Friedrich, TP Guilderson, KA Hughen, B Kromer, FG McCormac, S Manning, C Bronk Ramsey, RW Reimer, S Remmele, JR Southon, M Stuiver, S Talamo, FW Taylor, J van der Plicht, and CE Weyhenmeyer. 2004 Radiocarbon 46:1029-1058.
2. Christopher Bronk Ramsey 2005, www.rlaha.ox.ac.uk/orau/oxcal.html)

北京大学   加速器质谱实验室
第四纪年代测定实验室
2012 年 10 月 24 日

图一百一十 瓷瓮内样本碳-14年代测试报告（注：送样人姓名应为"冯恩学"，原报告有误）

四、钱币窖藏定年代

（一）窖藏掩埋的年代

根据回忆口述，窖藏位置在早年出土大铁锅的北侧，大约在20—40米。

从钱币窖藏发现的现场照片观察，钱币的确是装在一个泥质灰陶罐内，罐口被打碎，钱币散落在周围，应该是满满的一罐钱。上部有碎裂铁片、青砖、石板散布，可能是遮盖罐口之物（图一百一十一）。

1

2

▲图一百一十一　钱币窖藏发现的铜钱

1.陶罐内装的铜钱　2.清洗后的铜钱

2014年3月26日，吉林省大安市酿酒总厂旧址出土一批铜钱。2014年5月12—16日，吉林省政府文史研究馆张福有馆员率辽代春捺钵遗迹调查组在大安市调查期间，了解到这一情况，遂让笔者到大安清理这批铜钱。经过三天的工作，笔者基本搞清了情况。

这批铜钱重34.6斤，共计4142枚，包括32枚难以辨认和残损的，年代分唐代和宋代两种，年号共计21种，版别共计45种。拓片的样本，取自45种版别里较好品相的铜钱做了拓片。于丽群做了细致的研究，对钱币来源年代一一进行考证，列出对比表格，为钱币窖藏和遗址断代奠定坚实基础（表四）。

表四　大安老窖酿酒总厂旧址出土唐代及北宋铜钱年号及数量

时任皇帝	年号信息			铜钱数量（顺序）
	铜钱年号	起讫时间	使用时长	
唐玄宗李隆基（在位：712年—756年）	开元	713年12月—741年	29年	37枚（1）
宋太宗赵光义（在位：976年—997年）	太平兴国	976年12月—984年11月	9年	
	雍熙	984年11月—987年	4年	
	端拱	988年—989年	2年	
	淳化	990年—994年	5年	3枚（2）
	至道	995年—997年	3年	2枚（3）
宋真宗赵恒（在位：997年—1022年）	咸平	998年—1003年	6年	211枚（4）
	景德	1004年—1007年	4年	233枚（5）
	祥符	1008年—1016年	9年	84枚（6）
	天禧	1017年—1021年	5年	75枚（7）
	乾兴	1022年	1年	

时任皇帝	年号信息			铜钱数量（顺序）
	铜钱年号	起讫时间	使用时长	
宋仁宗赵祯（在位：1022年—1063年）	天圣	1023年—1032年11月	10年	284枚（8）
	明道	1032年11月—1033年	2年	
	景祐	1034年—1038年11月	5年	61枚（9）
	皇宋	1038年11月—1040年2月	3年	711枚（10）
	康定	1040年11月—1041年11月	2年	
	庆历	1041年11月—1048年	8年	
	皇祐	1049年—1054年3月	6年	
	至和	1054年3月—1056年9月	3年	41枚（11）
	嘉祐	1056年9月—1063年	8年	297枚（12）
宋英宗赵曙（在位：1063年—1067年）	治平	1064年—1067年	4年	147枚（13）
宋神宗赵顼（在位：1067年—1085年）	熙宁	1068年—1077年	10年	663枚（14）
	元丰	1078年—1085年	8年	681枚（15）
宋哲宗赵煦（在位：1085年—1100年）	元祐	1086年—1094年4月	9年	280枚（16）
	绍圣	1094年4月—1098年5月	5年	200枚（17）
	元符	1098年6月—1100年	3年	6枚（18）
宋徽宗赵佶（在位：1100年—1125年）	圣宋	1101年	1年	82枚（19）
	崇宁	1102年—1106年	5年	
	大观	1107年—1110年	4年	1枚（20）
	政和	1111年—1118年10月	8年	11枚（21）
	重和	1118年11月—1119年2月	2年	
	宣和	1119年2月—1125年	7年	

备注：难以辨认的铜钱27枚，残5枚。共计4142枚，34.6斤。

总计：钱币涉及21个年号，其中，唐代开元年号1个，宋代年号20个，唐代铜钱37枚，宋代铜钱4073枚。其中有的钱币上有多种书体，还有两种非年号钱币。政和以前的年号连续。窖藏掩埋的年代停止在辽天庆二年之后不久。

（二）窖藏掩埋的原因

辽朝自铸币数量很少，基本使用唐五代宋铸造的钱币。这个窖藏中发现的宋钱截止在政和通宝，即1111—1117年。政和以前的年号基本是连续的，北宋亡于1127年，窖藏未发现，北宋末的宣和钱币。钱币窖藏应当是主人遇到大的突发事件来不及携带或转运沉重的钱币而匆忙埋藏，一般与战事兵灾有关。

《辽史·天祚帝本纪》载："（天庆）二年春正月己未朔，如鸭子河。丁丑，五国部长来贡。二月丁酉，如春州，幸混同江钩鱼，界外生女直酋长在千里内者，以故事皆来朝。适遇'头鱼宴'，酒半酣，上临轩，命诸酋次第起舞，独阿骨打辞以不能。谕之再三，终不从。他日，上密谓枢密使萧奉先曰：'前日之燕，阿骨打意气雄豪，顾视不常，可托以边事诛之。否则，必贻后患'。奉先曰：'粗人不知礼义，无大过而杀之，恐伤向化之心。假有异志，又何能为？'其弟吴乞买、粘罕、胡舍等尝从猎，能呼鹿，刺虎，搏熊。上喜，辄加官爵。"[1]

阿骨打从混同江宴回归本部，怀疑辽帝知其有异志，遂称兵，先兼并旁近部族，后起兵反辽。

此地辽末发生大的战事是著名的出河店之战。辽天祚帝天庆四年（1114年），女真部首领完颜阿骨打起兵反辽，十月攻克宁江州（今松原市宁江区的伯都讷古城）。辽天祚帝命都统萧嗣先、副都统萧挞不也统兵十万进攻女真，十一月阿骨打率三千七百甲士迎敌，乘夜鸣鼓举燧而行，黎明前抢渡鸭子河，先锋奔袭出河店辽军营地，辽军仓皇迎战，无备而乱，导致溃败。女真军又急追辽军于斡论泺，斩俘辽兵及缴获车马、武器、珍玩不计其数。这个以少胜多的著名战例，坚定了女真能战胜貌似强大的辽军之信心，翌年（1115年）正月初一，完颜阿骨打正式即皇位，取国号为大金。

金太宗天会八年（1130年），金为纪念出河店之战修建肇州城。《金史·地理志》载："肇州，下，防御使。旧出河店也，天会八年（1130年），以太祖兵胜辽，

肇基王绩于此，遂建为州。"①塔虎城遗址是金朝肇州城旧址，城址保存较好，呈方形，方向正南，城墙高5—6.5米，周长5213米，规模宏大。

塔虎城位于嫩江南岸的八郎乡，向西北10千米便是大安酿酒总厂遗址。出河店辽军溃败，殃及此地。出河店战斗发生在1114年11月，窖藏钱币年号纪年截止在政和通宝，即1111—1117年，北宋亡于1127年，北宋末的宣和钱没有发现，与之吻合。故可以把窖藏的年代确定在辽天庆四年（1114年）11月。

因此推测，钱罐可能是在辽末天庆四年（1114年）十一月，当地女真军在天庆四年进入该地区后，因为躲避战乱而埋藏的。烧酒铁锅为何没有拿走？大概也是因匆忙战乱，未来得及拿走。房屋倒塌，铁锅埋在废墟中。这也是辽末战祸的结果。

五、挖地沟有辽代瓦

2015年6月，工人为埋管线，沿着新建住宅楼下挖掘一条窄沟，发现黑土层和稀少的遗物。笔者从乾安工地到现场查看，从挖出的土中看到有几枚宋钱，一件残破铁锅，有很少瓦砾，其中一件滴水，其菱形格花纹与城四家子城址发掘的辽代寺庙址出土滴水的花纹相同（图一百一十二）②。此沟位置距离辽金石灶的位置大约十几米，再次提供遗址黑土层是辽代的依据。2006年发现的石灶锅叠压在黑土层之下。

六、模拟实验有意外收获

大安酿酒总厂遗址出土的大锅直径均为1.46米，深为0.25米。确定大锅的功能成为重要的课题。古代使用笨重的木板锅盖，水烧开时，煮妇个人很难掀开1.5米直径的锅盖。锅大但是腹很浅，不适合炖菜、煮饭、煎饼。

大锅有宽阔的盘口，实用的盘口锅早在唐代已经出现，在西安何家村唐代窖藏器物中有提梁锅（图一百一十三）③。

大安的炉灶是石块砌筑的圆形贴地灶，两个并列，尺寸相等，低矮的锅台可以降

---

① ［元］脱脱等撰：《金史》卷24《地理志（上）》，中华书局，2020年，第91—592页。

② 吉林省文物考古所等：《吉林白城城四家子城址建筑台基发掘简报》，《文物》2016年第9期。

③ 齐东方：《花舞大唐春：解读何家村遗宝》，上海古籍出版社，2018年，第240页。

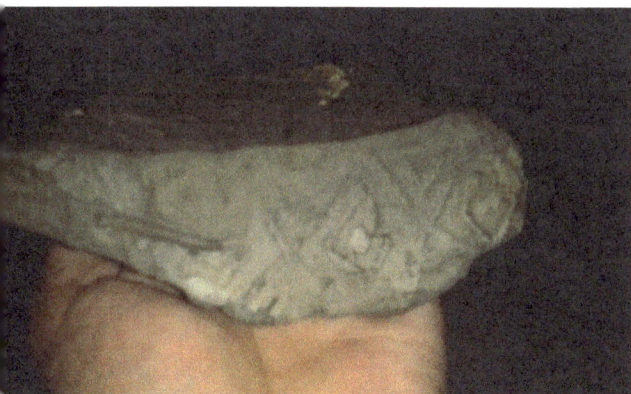

1   2

▲图一百一十二　菱形格花纹辽代滴水

1.大安酒厂遗址地沟出土滴水　2.城四家子城址出土滴水

▲图一百一十三　西安何家村唐代窖藏出土提梁锅

低烧锅装置的总高度，便于安装天锅和更换天锅水，适合酿酒蒸馏。大锅不适合家庭厨房使用，也不适合军队使用。作为烧酒地锅，直径大、装料多，腹很浅、沸腾快，可提高生产效率。此锅盘口，沿宽5厘米，辽金元时期的生活用金属锅、行军用金属锅都不是盘口，唯独此锅是大盘口，适合木甑扣坐在盘口沿上，这与密封不漏气的特殊要求有关。

为检验浅腹大锅的功能，东北师范大学傅佳欣教授曾先后三次取样检测锅内沉积物的植硅体，为避免近代污染，样品为锈结成块的块状物，经强力清洗后再检验标本。三次检验的结果：1号锅植硅体主要成分为芦苇，怀疑其曾裸露于无覆盖自然环境。2号锅主要成分为粟（谷子），3号锅主要成分为黍（大黄米）。

吉林大学将大缸内的土样也送检做了植硅体分析，结果也是粟（谷子）和黍（大黄米），与大锅粘接的土样检测结果一致，说明大锅的植硅体也是来自覆盖的土层。

根据大安酿酒总厂的发现，参照近代酒厂的传统蒸酒器，我们做了复原图（图一百一十四）。图中的天锅采用了遗址所出的六耳锅，这是辽金时期常见的锅。

大安酿酒总厂按照复原图的设想，制作蒸酒器设备，准备模拟试验。2012年9月做了一次试验，2013年4月份又开始模拟试验，改进设备，成功烧制出白酒。

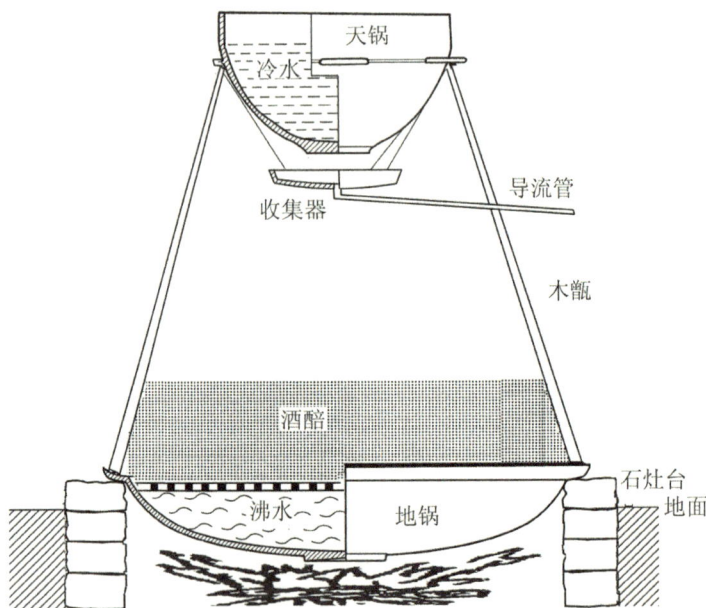

▲图一百一十四　大锅使用示意图复原

在地面挖筑低矮的贴地灶台，地锅内装水深20厘米，用木柴烧火至水冒汽约10分钟，扣上木甑，装入发酵的预热过的酒醅料，然后安装天盘和天锅，天锅放入冷水，5分钟后导管开始流出清澈的酒液。天锅头水的酒度高达72度，天锅内的水热冒汽时，导管的酒流变小。给天锅更换冷水，冬季水中加冰块，效果更佳。二锅水酒头在60度，酒尾已经无酒味。第一次实验用发酵酒醅200斤（高粱黄米原料约50斤，加水发酵为200斤），出酒18斤。第二次实验用发酵酒醅400斤（原料约100斤，加水发酵为400斤），出酒58斤。实验表明，大安的锅灶适合酿酒蒸馏，且有出酒快、效率高的特点。

其中最重要的一次实验是2013年4月，笔者和吉林大学教师吴敬、王春雪在场参与的实验（图一百一十五）。在酒厂院子内地面挖出灶坑，用石块垒砌灶台，石块都是酒厂遗址出土的灶石。顶层用酒厂遗址出土的方形灶石垒砌复原，共计18块灶石。地锅直径125厘米，与出土的铁锅口径相同。锅内注水23厘米深，点燃灶坑木柴，锅内放入笸子，先铺一层酒醅（酒厂木板窖发酵的酒醅料，28天出窖），观察何处冒汽，往冒汽处填料。等到把酒醅料填完后，立即把上粗下细的桶形木甑立坐在地锅宽沿上，木甑上口放置一个深腹天锅，天锅内注冷水。顷刻，导流管冒酒汽，接着流出酒液，酒液滚烫，飘散着热气。酒头液测量酒度在72度。天锅水很快变热，导流管的酒流变细，逐渐断流，冒汽。酒厂工人对我说："汽就是酒，白瞎了！"孔令海登上木梯，用水瓢把天锅内的热水用瓢舀出一些扔掉，然后添加凉水，可是排酒管子仍然不出酒，只冒汽。情急之下，孔令海站在木梯上环顾四周，看到院子墙角下有未融化的残冰坨，立即喊工人到墙角砸冰。工人拿起铁锨，跑步到墙角，用铁锨把冰坨砸开，铲起碎冰块，端着铁锨一路小跑，送给孔令海。孔令海把冰块扔到天锅内，导流管又开始流酒，一直持续到结束，天锅未再加冰换水。二次流出的酒头液测量为45度。

这次试验意外发现了用自然冰块给天锅水降温可以达到持续冷却出酒的功效，简单而实用。可惜在场的人都没有意识到这是重要的发现，笔者也没有抓拍工人砸冰、孔令海投冰的场面。大家看到管子又流出酒，紧张焦急的心情都放松了，全都笑逐颜开。回到室内，讨论总结这次试验过程时才意识到小天锅需要以冰制冷达到稳定出酒、降低天锅换水难度的效果。

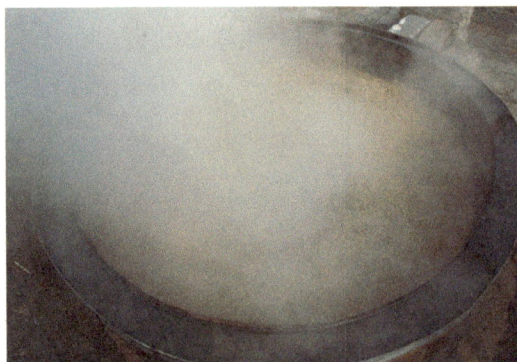

▲图一百一十五　蒸馏白酒模拟实验

1.地锅装发酵料　2.蒸出酒汽　3.接酒头

4.孔令海看到天锅水热连忙舀水准备添加冷水

5.吴敬（左一）记录测量酒度

6.天锅水热后加冰降温（改进后的实验）

七、欧阳修"斫冰烧酒赤"诗句的破解

欧阳修在宋仁宗至和二年（1055）年冬，为祝贺辽道宗即位奉命出使辽国至辽上京。在次年初春回程途中，欧阳修写下了《奉使道中五言长韵》：

初旭瑞霞烘，都门祖帐供。

亲持使者节，晓出大明宫。

城阙青烟起，楼台白雾中。

绣鞯骄跃跃，貂袖紫蒙蒙。

朔野惊飙惨，边城画角雄。

过桥分一水，回首羡南鸿。

地理山川隔，天文日月同。

儿童能走马，妇女亦腰弓。

度险行愁失，盘高路欲穷。

山深闻唤鹿，林黑自生风。

松壑寒逾响，冰溪咽复通。

望平愁驿迥，野旷觉天穹。

骏足来山北，轻禽出海东。

合围飞走尽，移帐水泉空。

讲信邻方睦，尊贤礼亦隆。

斫冰烧酒赤，冻脸缕霜红。

白草经春在，黄沙尽日濛。

新年风渐变，归路雪初融。

祗事须强力，嗟予乃病翁。

深惭汉苏武，归国不论功。

其中有"讲信邻方睦，尊贤礼亦隆。斫冰烧酒赤，冻脸缕霜红。白草经春在，黄沙尽日濛"之句。《宋史·欧阳修传》记载："奉使契丹，其主命贵臣四人押宴，曰

'此非常制，以卿名重故尔'。"[1]辽道宗以陈留郡王宗愿、惕隐大王宗熙、北宰相萧知足、尚父中书令晋王萧孝友陪同宴会，这是道宗对一代文豪欧阳修的特殊款待，诗句"尊贤礼亦隆"是对这一场景的真实写照。

"斫冰烧酒赤，冻脍缕霜红"是二十句长诗中唯一描述契丹饮食风俗的叙事之句，诗人目睹了种种契丹饮食，仅选择这两种风俗入诗，一定是因为它们是契丹最独特的风俗。欧阳修是北宋大文学家，五言诗句，高度凝练，字字斟酌。"冻脍缕霜红"较前半句容易解读。"脍"是切薄的肉片，"缕"是切细的肉丝。"霜红"来自唐朝杜牧《山行》中的"霜叶红于二月花"。此句意为：冻肉切成薄薄的片，细细的丝，呈现出霜叶那样的鲜红色。后半句是通过做菜的肉料，点出契丹冬天饮食吃肉的特色。"斫冰烧酒赤"很难解读，若从模拟实验的辽代烧酒工艺角度解读则豁然开朗。"斫冰"，砍砸冰块准备烧酒。"烧酒"，点火蒸馏出酒。《说文解字》赤字部，"赤"从大从火，故"赤"可做"赤热"之解，意为流出的酒液是热烫的。欧阳修用"斫冰烧酒赤"五个字表现出准备、蒸烧、出酒三个环节，抓住了用冰降温、烧火蒸馏、酒液赤烫的特点，突出了契丹之地烧酒的特殊风俗，可谓神来之笔，字字珠玑。同时"赤"也有大火旺烧之意（图一百一十六）。此外，南宋周麟之在《海陵集》中论及"金澜酒"时记载："又燕中暑月，于冰窖造御酒，甚清

▲图一百一十六　烧酒蒸馏需要大火旺烧

---

① ［元］脱脱等撰：《宋史》卷319《欧阳修传》，中华书局，1977年，第10378页。

例。"[1]这表明在金代的燕京一带，伏天造酒需用到冰窖之中的冰，可见"斫冰烧酒"的工艺在金代也在使用，为"斫冰烧酒"工艺的真实性又添例证。

以往的文学研究都没有对"斫冰烧酒赤"做出解读，由于不理解为何烧酒能"赤"，使得研究酒史者都没有使用这条史料。笔者也是在目睹烧酒试验的全过程，对古代烧酒工艺有了真实的感受后，才能破解这句诗句。

八、抗寒需求是生产力

中国古代酒类分为发酵酒、烧酒和配制酒。发酵酒出现早，黄酒、果酒属于发酵酒，夏商周时期都有广泛的生产，而烧酒出现则较晚。中国烧酒（又称白酒）是以谷物为原料，加酒曲固体发酵后，用蒸馏工艺制取酒精含量在40度以上的酒，可以点燃，故称烧酒。在世界六大蒸馏酒中，中国烧酒工艺最复杂，其起源在世界蒸馏酒史上占据重要地位。中国烧酒起源是学界长期争论的话题，涉及两个重要问题：其一是中国蒸馏酒起源于何时；其二是中国的蒸馏器或蒸馏技术是从外国传入的还是本国发明的。英国李约瑟院士主编的《中国科学技术史》中说："确实，这可能是中国化学和食品科学史上最具挑战性的悬而未决的问题。"[2]关于中国烧酒起源之争，在时间上有汉、唐、宋、元多种观点，在来源上有外来说和本土起源说两种，其中以元代外来说流传最广。

烧酒制作工艺并不难，汉代已经有成熟的、专用的蒸馏器，具备制作烧酒的技术基础，但是缺乏饮高度酒的需求。

早年上海市博物馆收藏有一件安徽省安乐乡东汉墓出土的东汉青铜蒸馏器，由甑、釜、盖三部分组成，通高53.9厘米。在甑内壁的下部有一圈环形槽，可积累蒸馏液，而且有导流管至外部。釜的肩部有一条朝上的回收管（图一百一十七，1）。上海博物馆做了系列蒸馏实验：第一次，以上海七宝酒厂的发酵糯米酒醅为原料，得到20—27度酒。第二次，以51.1度的酒为原料蒸馏，得到79.4度酒；用15.5度酒蒸馏，得到42.5度酒。第三次，做蒸馏香水实验，把上下管连接，连续蒸馏，用肉桂蒸馏得

---

[1]［清］厉鹗辑撰：《宋诗纪事2》，上海古籍出版社，2013年，第1202页。

[2]［英］李约瑟：《中国科学技术史》第六卷，第五分册（黄兴宗主编《生物化学技术》卷），科学出版社，2008年，第166页。

到肉桂油，用茴香蒸馏得到了茴香油①。

1975年承德市青龙县（今河北省秦皇岛市青龙满族自治县）发现的蒸馏器对白酒起源研究起到了推动作用。该蒸馏器出于窖穴内，最先判定为金代②，后在距离窖藏4米处发掘一探沟，根据出土滴水的年代判定可以晚到元代③。蒸馏器由甑锅和冷却器两部分组成，通高41.6厘米，甑锅最大腹径36厘米，环槽深1厘米，宽1.2厘米（图一百一十七，2）。在承德酒厂师傅指导下进行了两次烧酒实验，第一次是8斤料，出0.9斤9.4度酒；第二次是6斤料，出0.56斤9.7度酒。承德市避暑山庄博物馆认定其为烧酒锅，这一结论影响广泛。但笔者认为，从实验结果分析，这件小型蒸馏器不是蒸酒器，因为出酒量过少，酒度太低，未达到40度。

汉代青铜蒸馏器是依靠空气冷却，体形小，是多用途的蒸馏器，主要是获得花露水、露汁饮料，供贵族阶层享用，不排除有人偶尔也能用来蒸馏酒。从实验可以得出结论，汉代已经有成熟的蒸馏技术，若用黄酒、果酒等液体酒料反复蒸馏可以获得少量的高浓度的蒸馏酒。汉、唐、宋社会没有饮用高度酒的市场需求，也就没有出现生产商用白酒的专用设备。

2006—2007年，陕西省西安市郊区张家堡新莽墓地发掘出土了青铜蒸馏器④（图一百一十七，3）。2011—2016年，江西省南昌市西汉海昏侯墓出土的青铜蒸馏器结构最为复杂（图一百一十七，4），其工作原理和使用蒸馏的功用与安徽东汉墓蒸馏器、承德金元时期蒸馏器相同⑤。有人认为这些蒸馏器的发现把中国烧酒史提前到了西汉时期。海昏侯墓出土的蒸馏器内有很多芋头和菱角的残留物。

---

①马承源：《汉代青铜蒸馏器的考古考察和实验》，《上海博物馆集刊》（第六期），上海古籍出版社，1992年。

②承德市避暑山庄管理处：《河北青龙县出土金代铜烧酒锅》，《文物》1976年第9期。

③林荣贵：《金代蒸馏器考略》，《考古》1980年第5期。

④西安市文物保护考古研究所：《西安张家堡新莽墓发掘简报》，《文物》2009年第5期；钱耀鹏：《西安新莽墓所出蒸馏器的使用方法及意义——兼谈海昏侯墓出土的蒸馏用具》，《西部考古》（第13辑），科学出版社，2017年，第163-179页。

⑤江西省文物考古研究所等：《南昌市西汉海昏侯墓》，《考古》2016年第7期。

冷却室
蒸料
收集环槽
甑底算子
回收管

甑
蒸馏液排出管
釜

1

凹底
收集环槽
蒸馏液管

冷却器
排水管
釜
腰沿

2

3

4

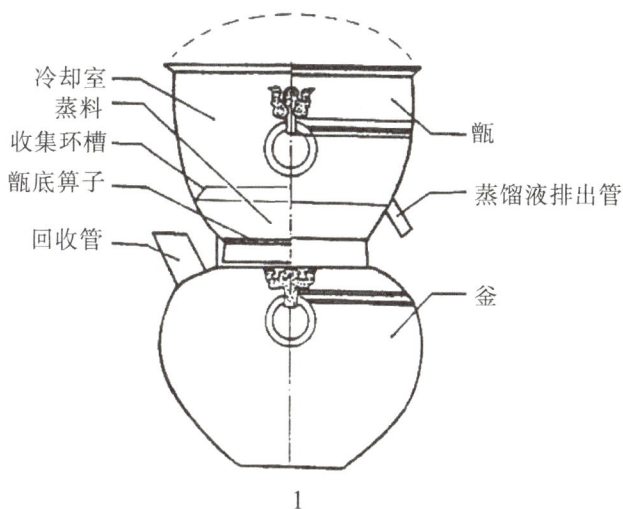

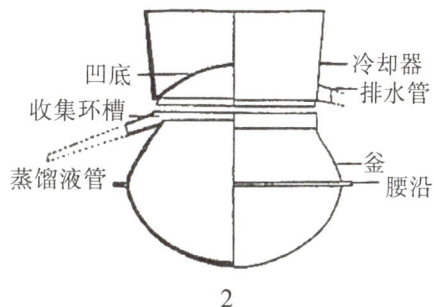

▲图一百一十七 古代蒸馏器

1.上海博物馆藏蒸馏器 2.河北省秦皇岛市青龙满族自治县出土蒸馏器

3.陕西省西安市张家堡新莽墓地出土青铜蒸馏器 4.江西省南昌市海昏侯墓出土青铜蒸馏器

到五代北宋初时，已经有蒸馏酒的明确记载。《物类相感志》中"饮食"篇有"酒中火焰，以青布拂之自灭"。只有蒸馏酒才能燃烧，所以叫"烧酒"，此为蒸馏酒。《物类相感志》旧本题北宋苏轼著，今经考证是北宋高僧赞宁撰写。赞宁是浙江德清人，在杭州龙兴寺为僧，吴越国时期已经担任两浙僧统，赞宁太平兴国三年（978年）随钱氏归宋，入北宋后担任两浙僧正，83岁辞世，卒年为宋真宗咸平四年（1001年，即辽圣宗统和十八年）。此句列于该书的"饮食"条下，有人提出此条记载与前后文相关，是烹饪食物时的现象，认为酒中火焰是炒菜时加酒翻动所产生[1]。《物类相感志》从编纂体例上来看属类书，是作者逐条记录或摘抄各类所见所闻，虽然此句列于做菜煮饭的叙述之中，但酒属于饮料的一种，列在"饮食"条下并无不妥，这一现象应是作者亲眼看到的现象。既然酒能燃烧，其度数自然较高，普通的发酵酒一般达不到能燃烧程度，这种能燃烧的酒必然是蒸馏所得的高度酒[2]。

《北山酒经》是北宋末记载酿酒发酵工艺的专著，书中详细记述了发酵酒的制作工艺，只字未提固体发酵烧酒工艺，可知北宋仍然延续传统的液态发酵方法，固态发酵还没有出现。当时少数僧道可能是用液态蒸馏法获得少量蒸馏酒。蒸馏酒酒度高，大热，不适合南方地区饮用。

《本草纲目》说烧酒"气味辛甘，大热有大毒，主治消冷积寒气"。"烧酒纯阳毒物也，面有细花者为真，与火同性，得火既然，同乎焰消。北人四时饮之，南人只暑月饮之"。疑"暑月"是"数月"之误。在明代晚期北方人一年四季都饮用烧酒，南方人只是几个月饮用烧酒，饮用习俗南北差别巨大，与南北气候差异有密切关联。

大安遗址位于辽代长春州辖域，州治在其西100千米的城四家子古城。其东有宁江州州城（松原市伯都古城）。长春州是因辽皇帝每年到这一带进行三个月的春捺钵而设立。辽朝中后期的皇帝春捺钵在长春州和宁江州，地域在长春河（洮儿河）到混同江（松花江）之间，长春州州治在洮南县（今吉林省洮南市）的城四家子古城，位于洮儿河下游南岸。洮儿河即长春河，原名挞鲁河，辽圣宗到此春捺钵改名长春河。《辽史·圣宗纪》载：太平四年（1024年），"昭改……挞鲁河曰长春河"。《辽

① 丁玉玲：《白酒起源宋、元诸说的图书文献考辨》，《酿酒科技》2011年第7期。
② 吴敬：《再论吉林大安辽金时期蒸馏酒遗存的工艺及历史地位》，《北方文物》2020年第6期。

史·圣宗本纪七》载："（太平）二年（1022）春正月，如纳水钓鱼。二月辛丑朔，驻跸鱼儿泺。三月甲戌，如长春州。"纳水，即嫩江，洮儿河口到松花江北流段。鱼儿泺，是月亮泡，是洮儿河注入嫩江口处的大湖。一月先到大安的嫩江渔猎，二月沿着嫩江北走30里到达月亮泡渔猎，三月沿着洮儿河向上走，到达长春州。长春州城内设有"盐铁、转运、度支、钱币诸司，以掌出纳"，手工业和农业经济逐渐发达，道宗时"春州斗粟六钱"，因米贱而载入《辽史》。这里自然景观以湖泊湿地众多，鹅鸭鱼资源丰富，林多榆柳，水果资源匮乏。蒸馏酒的原料应该是谷物。

辽地处北方，契丹族四季游牧射猎，皇帝不住在京城，而是四时捺钵，天寒地冻季节仍然在野外驻扎渔猎。皇帝春捺钵时正月达到长春州，卓帐冰上，凿冰钩鱼，踏雪围猎，喝酒暖身御寒的需求强烈。契丹人对烧酒的需求推动了蒸馏酒在辽地的流行。寒冷季节烧酒时又有室外随处可得的冰帮助冷却，避免天锅频繁换水的麻烦。大安酿酒总厂辽代蒸馏器物的发现和模拟蒸馏试验的成果，与欧阳修目睹辽地"斫冰烧酒赤"的描述相互印证，可以确定辽朝中晚期已经存在固体发酵蒸馏的烧酒。

春捺钵时的寒冷程度，在北宋王安石出使辽国所作《余寒》一诗中有描述。

余寒

余寒驾春风，入我征衣裳。

扪鬓只得冻，蔽面尚疑创。

士耳恐犹坠，马毛欲吹僵。

牢持有失箸，疾饮无留汤。

瞳瞳扶桑日，出有万里光。

可怜当此时，不湿地上霜。

冥冥鸿雁飞，北望去成行。

谁言有百鸟，此鸟知阴阳。

岂时有必至，前识圣所臧。

把酒谢高翰，我知思故乡。

"余寒驾春风，入我征衣裳"，冬天的余寒驾着春风来袭，打透我的衣裳。"扪鬓只得冻，蔽面尚疑创"，寒风吹动鬓发只得到冻啊，用手遮挡脸面还是感觉有风刺一样。"士耳恐犹坠，马毛欲吹僵"，耳朵冻僵担心触碰掉下来，柔软的马毛变僵硬，风吹都不动了。"牢持有失箸，疾饮无留汤"表明手冻得僵硬不好使，用力把持筷子还是拿不住，饥寒交迫之下快速吃饭，菜汤都不剩了。

"曈曈扶桑日，出有万里光。可怜当此时，不湿地上霜。"扶桑树上的太阳，在三足乌背负下出行，照射出明亮的太阳光，可怜现在辽地寒冷，霜雪被阳光照射都不融化，地面不变湿润。"冥冥鸿雁飞，北望去成行。谁言有百鸟，此鸟知阴阳。岂时有必至，前识圣所藏。把酒谢高翰，我知思故乡。"春天鸿雁从南方飞回，向北仰望，成排的鸿雁向北飞去。天下有百种鸟，此候鸟知道冷暖阴阳，四季变换。现在的天气虽寒冷，可是鸿雁飞来了，温暖的天气很快就要到了。时候到了必然飞来的鸟，是以前我在开封东京城的宫苑见到过的、圣上藏养的鸿雁吗？拿起酒杯谢谢高飞的鸿雁，引起我思念故乡之情。这首诗表现出王安石在寒冷中盼望天气转暖，留恋南国温暖天气的心情。最后两句的内容表达了诗人喝酒驱走身上的寒气，把盏向鸿雁敬酒的思念暖乡之情。

第五节　白酒南下留踪迹

一、金朝酒厂向南扩散

1997年河北省保定市徐水县（今河北省保定市徐水区）的刘伶醉酒厂平整厂区时出土的小口黑花四系瓶、鸡腿瓶、残矮足杯等，都具有明显的金元时期文化特征，1998年考古发掘出古井内的文物，确定该酿酒遗址时代为金元时期[1]。

杜康造酒刘伶醉，以"刘伶醉"命名的酒厂发现的古烧锅地处瀑河东侧，安肃古城（今河北省保定市徐水区）南门里侧，古称南门里烧锅，现位于刘伶醉酒厂一车间东厂厂房内。遗址由两排共16个发酵池和青砖水井组成，南北长28.8米，东西宽

---

①何伟：《刘伶醉古烧锅约有八百年历史》，《光明日报》1998年11月27日。

17.7米，总面积509.8平方米。1998年徐水县文物管理所首先对其进行了详细调查和了解，查阅县志和其他多方面的资料，并对古发酵池北侧的青砖古井进行了勘探和清理挖掘。在古井清理过程中，出土了较多的瓷器残片、残高足杯等遗物。这些遗物与酒厂改建时在遗址南侧平整厂区时出土的小口黑花四系瓶、鸡腿瓶、残矮足杯等，都具明显的金元时期文化特征，与古井周围出土遗物年代相同。

辽和北宋的界河是白沟，在涿州到白洋淀一带。这里是房山山脉洪水通过白洋淀排入渤海的路线，有着广阔的沼泽，是辽宋缓冲安全区。元代诗人刘因曾创作一首七言律诗：

白沟

宝符藏山自可攻，儿孙谁是出群雄。

幽燕不照中天月，丰沛空歌海内风。

赵普元无四方志，澶渊堪笑百年功。

白沟移向江淮去，止罪宣和恐未公。

徐水的刘伶醉古烧锅遗址已经越过旧辽之界，金朝的疆域向南拓展，女真喜好饮用高度白酒的习俗也随之在金界内传开。

二、元朝酒厂过江南

（一）元代起源是误解

元代起源说最早来自李时珍的《本草纲目》"烧酒，非古法也，自元时始创其法"，长期以来，很多学者认同此说法。化学家袁翰青院士在1956年发表《酿酒在中国的起源和发展》，将烧酒起始的时间上推到唐代[①]，从而引起旷日持久的关于中国烧酒起始的论争。1988年黄时鉴发表《阿剌吉与中国烧酒的起始》一文，他在分析了唐宋时期有关资料后认为，烧酒始于唐、始于宋的说法均无可信的证据，而多种元

[①]袁翰青：《酿酒在中国的起源和发展》，《中国化学史论文集》，三联书店，1982年，第73—100页。

代资料则可以证明，烧酒在中国确实始于元代，阿剌吉是它的最初名称，源自阿拉伯语，传自西亚，后渐在元朝境内制造，阿剌吉在中国的传播乃是中外物质文化交流史的一个重要篇章①。

元代起源说有两个疑问令人费解。其一，技术的传播动力来源于需求，阿拉伯人由于宗教限制没有饮酒的习惯，但是他们需要提纯酒精用于医疗，所以他们应当没有制作生产性饮用酒的设备。加之蒙古人如果在西征之前没有饮用高度酒的习惯，何以能向阿拉伯人学习蒸馏饮用酒的技术？

《本草纲目》在"烧酒"条释名说"火酒，阿剌吉酒"，在集解中说"烧酒，非古法也，自元时始创其法，用浓酒和糟入甑，蒸令气上，用器承取滴露，凡酸坏之酒，皆可蒸烧。近时惟以糯米或粳米或黍或秫或大麦蒸熟，和曲酿瓮中七日，以甑蒸取。其清如水，味极浓烈，盖酒露也"②。该书撰成于明万历六年（1578年），距离明朝建国（1368年）已经二百余年，"近时"应该是明代中后期。这里说烧酒法是元代发明的，元代是用酸坏的发酵酒蒸烧得到浓烈的烧酒，明代中后期才用发酵的谷物蒸酒。考古发现元代已有固体蒸馏工艺的酒窖，证明《本草纲目》对烧酒的起源解释是错误的。

英国李约瑟主编《中国科学技术史》的第六卷《生物化学技术》卷是酿造化学家黄兴宗主笔撰写，他说"阿剌吉酒是从成品酒而非发酵醅蒸馏而来"③。罗丰在《蒙元时期的酿酒锅与蒸馏乳酒技术》一文中详细论证了阿剌吉酒是重酿酒④，其主要依据文献除上文《本草纲目》外还有以下三条：

> 元代忽思慧《饮膳正要》：阿剌吉酒，味甘，辣，大热，有大毒。主消冷坚积，去寒气。用好酒蒸熬，取露成阿剌吉。
>
> 叶子奇《草木子》：法酒，用器烧酒之精液取之，名曰哈拉基酒，极浓烈，其清如水，盖酒露也。此皆元朝之法酒，古无有也。

---

① 黄时鉴：《阿剌吉与中国烧酒的起始》，《文史》（第31辑），1988年。
② ［明］李时珍：《本草纲目》卷25《谷部四·造酿类》"烧酒"条释名，第48页。
③ 李约瑟、黄兴宗：《中国科学技术史》第六卷，第五分册（《生物化学技术》卷），科学出版社，2008年，第188页。
④ 罗丰：《蒙元时期的酿酒锅与蒸馏乳酒技术》，《考古》2008年第5期。

朱德润在《轧赖机酒赋·序》中说轧赖机（阿剌吉）：盖译语谓重酿酒也。

他说"至此，我们已经非常清楚阿剌吉是一种以酒为原料，采用蒸馏法制造的所谓重酿酒，熊梦祥的《析津志》中有葡萄酒、枣酒'烧作哈剌吉'"。罗丰先生考证李时珍《本草纲目》的烧酒和叶子奇《草木子》的法酒都是阿剌吉酒，阿剌吉酒是重酿酒。所谓重酿酒就是用酒提纯为高度酒或酒精，这种方法来源于阿拉伯。元代除了阿剌吉酒外还有其他的蒸馏酒。李时珍关注酒的重点在于药性，对起源没有深入考证，加之与元朝相隔二百余年，没有记录烧酒起源的著述可供参考，误以为元朝忽思慧《饮膳正要》的"阿拉吉酒"是最早的烧酒。

《饮膳正要》成于元朝天历三年（1330年），是元代御医忽思慧撰的营养学书。《饮膳正要》在"阿剌吉酒"条还同时列举了虎骨酒、葡萄酒、小黄米酒等。"小黄米酒，性热，不宜多饮，昏人，五脏烦热，多睡。"[1]这里的小黄米酒也可能是一种用黄米发酵蒸馏的白酒。

（二）李渡遗留元代窖

随着蒙古建立元朝，蒙古人把北方人流行的喝高度酒的习俗扩展到南方，南方的白酒厂纷纷建立起来。

2002年6月，南昌市李渡酒厂在改建"无形堂"老厂生产车间时，人们意外地在水泥路面下发现一口古井（图一百一十八），古井旁就是至今仍在使用的传说有百年以上历史的圆形酒窖。江西省文物考古研究所闻讯后，由所长亲自带队赶赴现场。2002年7—11月，经过4个月封闭式考古发掘，伴随着元、明、清不同时代的水井、炉灶、晾堂、酒窖、蒸馏设施、墙基、水沟、路面等酿酒遗迹的暴露和大批陶瓷酒具、食具、工具的出土，尘封数百年的李渡无形堂元代烧酒作坊的神秘面纱，被慢慢揭开。江西李渡无形堂元代酒窖直径约在0.65—0.95米之间，深度在0.56—0.72米之间，是国内特有的圆形地缸发酵池（图一百一十九）[2]。

---

① 张元济等辑：《四部丛刊续编》，《子部》中的《饮膳正要》卷三第六页，上海商务印书馆，民国二十三年（1934年）据明代刊本影印。

② 江西省文物考古研究所：《江西进贤县李渡烧酒作坊遗址的发掘》，《考古》2003年第7期。

▲图一百一十八　李渡酒厂的明代水井

▲图一百一十九　元代地缸酒窖

水井始建于元代，后经增建、修补，近代废弃。井深4.25米，周围有三合土构筑的散水和用红石、青砖砌成的水沟。水井为酿酒过程提供优质酿造用水和生产用水。

炉灶始建于明代，由火膛和工作坑组成。烟道位于火膛头部两侧，可以减少热损失，使热能得以充分利用。蒸馏设施直径0.8米，高0.62米，距炉灶0.85米（图一百二十），它是供蒸馏过程中盛放冷水或天锅的地方。这些设施的出土，使白酒蒸馏的工艺过程得以再现。

▲ 图一百二十　李渡酒厂明代的炉灶和蒸馏设施遗迹

（三）成都水井坊遗迹

1998年8月，成都全兴酒厂准备对位于水井街19号一个普通院落内的配制车间进行扩建改造，当时挖出了很多碎瓷片，从瓷片上的文字来看，估计是明代的。1999年3月，考古队进入现场，开始发掘工作，很快就发掘出了一个清代的酒坊遗址，随后又在清代遗址的下面，发现了明代的酒坊遗址（图一百二十一）[①]。

（四）宜宾的酿酒遗迹

2011年初，春寒料峭时节，四川省文物考古研究院的一支考古队，进入地处岷江河畔公馆坝的宜宾红楼梦酒业股份有限公司厂区内，开始了糟坊头考古。

考古队在糟坊头酿酒作坊发掘出数千件陶瓷碎片，绝大多数是明代的陶瓷酒杯、

① 成都市文物考古研究所等：《四川成都水井街酒坊遗址发掘简报》，《文物》2000年第3期。

▲图一百二十一　水井坊酿酒遗迹

酒碗、酒盘、酒碟，以及其他餐饮器具残片（图一百二十二，2—3）。青花"永乐年制"（1403—1424年）系酒碗底部内面款，这是纪年明确且年代较早的一块瓷片。

复原后的晾堂面积24平方米，根据叠压打破关系判断作坊为最早的一组遗存。从稍晚的房屋垮塌后形成的堆积层中清理出大量明代瓷片，以中晚期为主，甚至有部分可达明代早期，但无清代的瓷片，可知房屋的使用年代为明中晚期，废弃年代为明晚期。遗迹很多，有石板浸泡池、石板窖。坑基上有大大小小的窖池，就窖池的形状来看，有壁和底都是石板砌的、底和壁都是三合土筑的、泥壁泥底、泥壁石板底等（图一百二十二，1）。

三、近代蒸酒器改进

我国酿造化学开创者方心芳院士在著名的《关于中国蒸酒器的起源》论文中，公布了他曾经调查的各地酒厂的典型蒸馏酒的设备（图一百二十三，1—2）[1]。现摘录于下：

---

①方心芳：《关于中国蒸酒器的起源》，《自然科学史研究》1987年第2期。

▲图一百二十二　糟坊头遗址发现遗迹和出土遗物

1.晾堂、水沟和水池　2.青花盏　3.青花碗

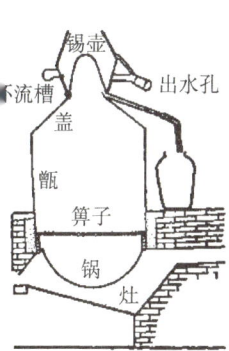

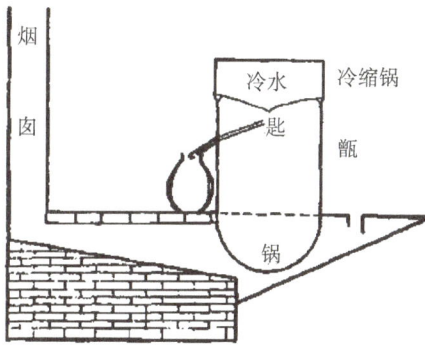

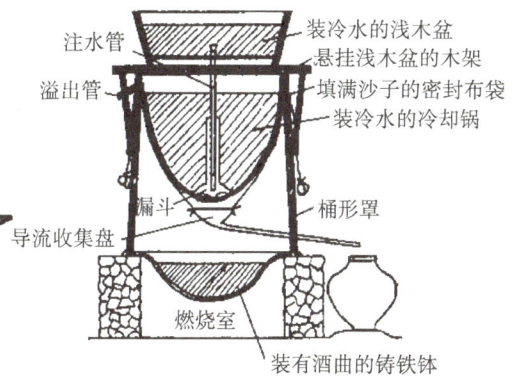

▲图一百二十三　近代酒厂蒸馏器示意图

1.唐山酒厂蒸馏器示意图　2.杏花村汾酒厂蒸馏器示意图　3.安徽桐城蒸馏酒工作剖面图

1931年在河北省唐山市所见的烤酒蒸馏器，由锅、甑、盖和锡壶四部分组成，锡壶是冷却器。东北辽沈一带所用蒸酒器与唐山市相同，也用锡壶作冷却器。

1933年冬在山西省汾阳县杏花村考察汾酒酿造法，在汾酒厂所见蒸酒器是另一种形式——锅式。这种蒸酒器由几个部分构成，包括灶、地锅（沸水锅）、甑、天锅（冷缩水锅）和承酒匙等。地锅即沸水锅，由铁板钉成，口径2尺6—7寸，深1尺余，上部与甑连接。甑为生铁所铸，厚5—6分，高3尺，口径2尺7—8寸，一边腰部开一孔，插入一管，即承酒匙之柄。天锅即冷缩锅为锡制，与普通锅不同之处是底部中央尖凸。承酒匙如调羹勺，柄为管子，伸出甑外。在天锅底下凝结的酒露落在匙中，由管子流出。

四川庐州大曲酒厂也用锅式蒸酒器，所不同的是用硬木柏木做甑桶，蒸酒器为圆盘形，直径6寸。

1960年在贵州省茅台酒厂调查，在该厂所见也是锅式蒸酒器。甑由柏木制成，高1米，上部口径1米，下部口径1.2米，可容高粱260公斤。天锅为锡制，口径1.2米，深0.3米，底部作弧形。天盘即承酒器，为圆形，直径0.27米，中央有孔，下接出酒管，管长1米。

除了方先生的调查外，民国时期美国学者霍梅尔看到安徽桐城的一个蒸馏酿酒设备，使用的也是木甑（图一百二十三，3）[1]。

各地白酒厂都对古代冷凝锅做了改进，但是都保持锅甑蒸馏的基本结构。我们破解斫冰烧酒之前，有些酒厂曾经网上宣传二锅头酒是原料蒸两次，第一锅出酒有杂质，第二锅出酒干净，这是撰写宣传稿的人因不懂古代烧酒方式而形成的误解。"二锅头"的"锅"不是装料的地锅，是装冷却水的天锅。一锅水出酒在60—72度，属于高度白酒，太浓烈，喝之伤人。二锅水起头时出的酒是45—55度，属于中度白酒，喝之适当。二锅水头之后，出酒在40度以下，属于低度白酒。

---

[1] ［美］鲁道夫·P·霍梅尔著，戴吾三译：《手艺中国：中国手工业调查图录（1921-1930）》，北京理工大学出版社，2012年，第154-155页。

第六节 延续发展有辉煌

一、储存陈酿木酒海

大安酿酒总厂酒库目前还保存储存白酒的木酒海117个（图一百二十四）。大酒海长3米，宽2米，高2.5米。中等酒海长2米，宽1.5米，高2米，可装6吨白酒。用柞木、水曲柳、橡木制作，内壁用桑树皮纸加鹿血粘接一层，装酒一滴不漏，装水则渗漏。一个大木酒海侧壁还有虎头牌白酒的标记，另一个大酒海内还发现有储存浸泡的人参，这批人参何时放入木酒海内，由于时间久远，现在的酒厂老工人都不知晓。

米酒和葡萄果酒都是用陶瓷器发酵。河南省宜阳县西关窑址出土的一件铭文酒瓶，残高0.47米，是陶瓷考古常见的造型，上粗下细，凹凸的表面，便于抱拿。粗瓷中细小者称为鸡腿瓶，粗大者称为牛腿瓶，细瓷陈设厅堂的雅称"梅瓶"。器身刻划宋代流行的莲花牌匾，匾文"京西转运判官供奉酒……"（图一百二十五）。洛阳在北宋开封城之西，这是京西路转运判官定制的，是运输供奉皇家酒的专用酒瓶，刻写如此高级醒目铭文，不是为了防止窑厂卖错客家做标记，而是为了在运输过程中提示路人，这批酒不要碰，是皇家供奉之酒。

木酒海是古老的储存白酒器具，中酒海装满酒，超过万斤，大中型酒海无法用木车土路运输，小酒海装酒也比较笨重，其功能是储酒，长期储存大量白酒而保证酒品醇香味正。

木酒海是何时出现的？孔令海对笔者讲，《辽史·穆宗纪下》记载："（应历十八年三月）造大酒器，刻为鹿文，名曰'鹿瓿'，贮酒以祭天。"[1]这段史料明确记载了是辽代著名的"醉王"耶律璟发明制造了酒海。

---

[1] ［元］脱脱等撰：《辽史》卷7《穆宗下》，中华书局，2016年，第93页。

1

2

3

▲图一百二十四　大安酿酒总厂仍在使用的木酒海　▲图一百二十五　河南宜阳窑窑址出土的

1.地库成排的大小酒海

2.酒海口与盖　3.酒海裱糊内部

北宋皇家运输酒具

辽代怀陵的奉陵邑怀州城，长方形，东墙长524米，南墙长496米。有角楼，无马面。城内建筑集中位于西部和中部，有两组大型宫殿址。城外也有大量居住址[①]。城内窖藏出土了陶瓮和长颈壶（图一百二十六）。陶器上有压印篦纹、鹿纹、水字、钱纹。火候高，是实用器。鹿纹长颈壶高0.9米，是辽陶瓷器中最大者，一般认为是辽

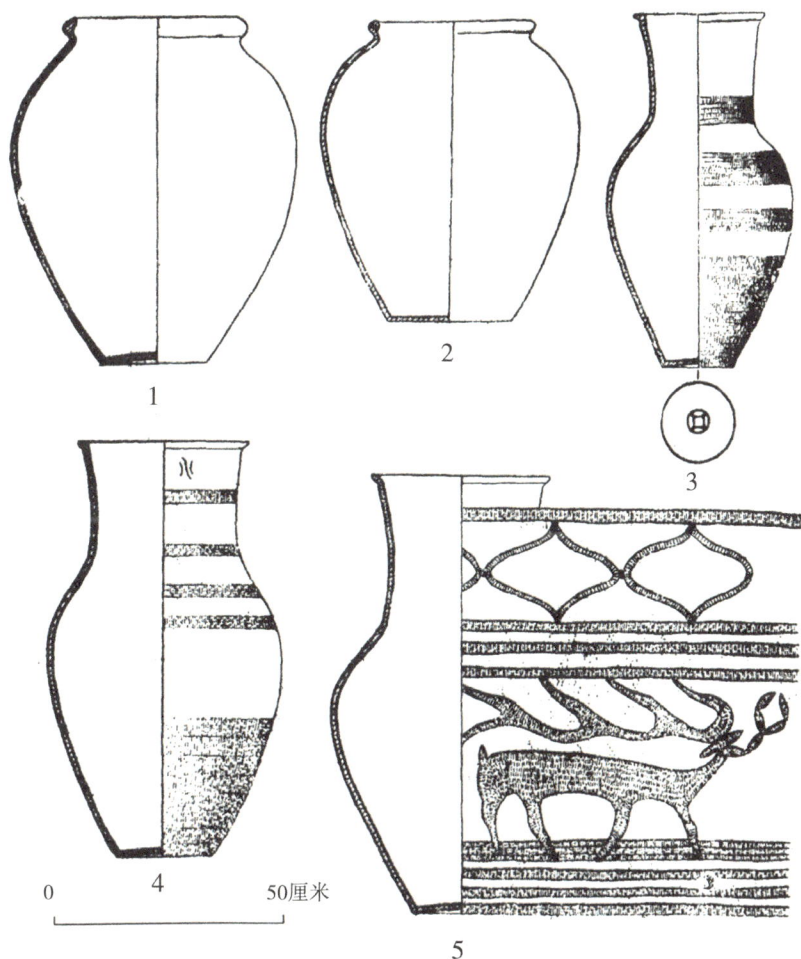

▲图一百二十六　怀州城出土陶器

1—2.陶瓮　3—5.长颈陶壶

① 张松柏：《辽怀州怀陵调查记》，《内蒙古文物考古》1984年第0期。

穆宗制造的大酒器，储酒祭天[1]。怀州城出土的陶瓮和陶壶都是辽代常见器型，很普通的陶器，不是专用装酒的器物，体量大符合"大酒器"，但是容量也不比陶瓮大很多。"瓹"字极为特殊，应该是新创之字，为何普通的陶器加上鹿纹就需要独创一个字？这令人不解。从特殊的"瓹"形结构看，若是象形字，木板穿带做成的木箱，底下垫砖块（便于抬起移动，防止地面潮气侵蚀木箱底板腐烂），还真与酒海相似（图一百二十七）。"瓦"旁表意，可以做陶瓷器理解，也可以做像陶瓶的容器理解。穆宗做了一件木质的鹿纹酒箱作为储酒器，因为容量大大超出瓷瓮陶壶而被称为"大酒器""鹿瓹"，器型特殊被史官记述一笔，这种可能性也不能排除，所以孔令海的观点也应该重视。木酒海内壁用动物血粘接桑皮纸，达到木板缝不渗透酒液的目的，笔者曾经目睹孔令海从山东请来师傅用此法修补旧木酒海里侧的纸层，所以，笔者想可能该器具是因为用鹿血裱糊内壁，而名为"鹿瓹"。

▲图一百二十七　孔令海向笔者介绍中型木酒海

---

① 韩仁信、青格勒：《辽怀州城址出土窖藏陶器》，《内蒙古文物考古》1984年第0期。

二、砖砌地灶木板窖

2012年4月25—27日，吉林大学考古队在距离辽代炉灶位置正北的邻楼做了考古发掘，该楼内空旷，地面铺水泥面，正准备拆除建楼。我们在室内，去掉水泥地面，就显露出20世纪初期至中期的酿酒遗迹，在东侧北墙下有一木板窖，长条形，用木板做方形隔间（图一百二十八，1）。在西墙下发现有两个灶，没有高出地面的灶台，属于地面灶。一个是砖砌筑外圈，内部有铁皮做成的灶火口，圆形（图一百二十八，2）。另一个是红砖砌筑的地灶（图一百二十八，3），年代比铁皮灶要早。因为省文物局认为这是大安市近现代工业遗产，需要保留，故停止发掘，原地回填，至今仍处在封存状态。

1

2

3

▲图一百二十八 20世纪初期至中期的酿酒遗迹

1.木板窖 2.铁皮灶 3.砖砌灶

三、参赛巴拿马万国博览会

大安市由原来的大赉县和安广县合并而成，1913年编纂的《大赉县志》中记载，"大赉县有烧锅四户（按：此地烧锅不专售烧酒，所有零星杂货及日用必须之品无不具备，故赉地商家资本之巨，以烧行为最）""烧酒每岁输出六百五十万觔（斤）"。在粮食短缺的时代，一个镇能消耗巨量粮食用来酿白酒，可见大赉县在东北制酒业中占有突出地位。

孔令海把目光投向档案馆，寻找大赉县烧酒业兴盛的资料。他在大安市档案馆内找到了富源烧锅发行的银票（图一百二十九，1）。大赉县当时隶属于黑龙江省，孔令海又托人到黑龙江省档案馆查找资料，查到了大赉县得到首届巴拿马万国博览会征调参赛展品邀请的档案（图一百二十九，2）。

筹备巴拿马赛会事务局通告

中华民国三年二月出版

西历一九一四年二月发行

黑龙江省行政公署训令：第二三五号令大赉县

中华民国二年十二月廿九日

第二科 教育实业司业呈业准

署大赉县知事　孟平

扎伤事案准

筹备巴拿马赛会事务局，函请本县征集富源烧锅一批赴展，切切

右扎大赉县准此

中华民国三年十二月廿九日收到（朱色大赉县印）

龙江道道尹公署　批

抑侯汇案转详，此批酒分别存送

内务 第一科　阅

归字第　号

中华民国四年一月十六日

后附：中华民国四年七月一日（朱色黑龙江省公署印）

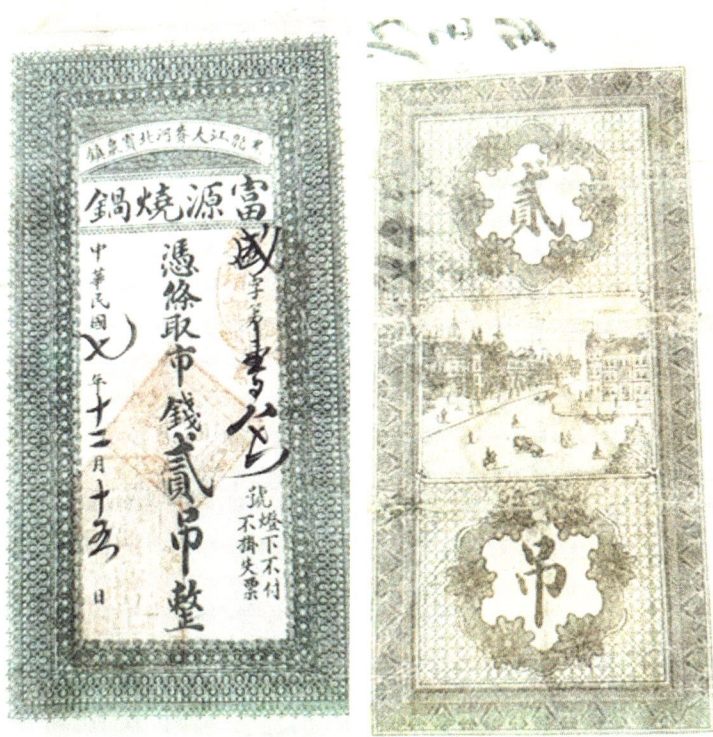

1

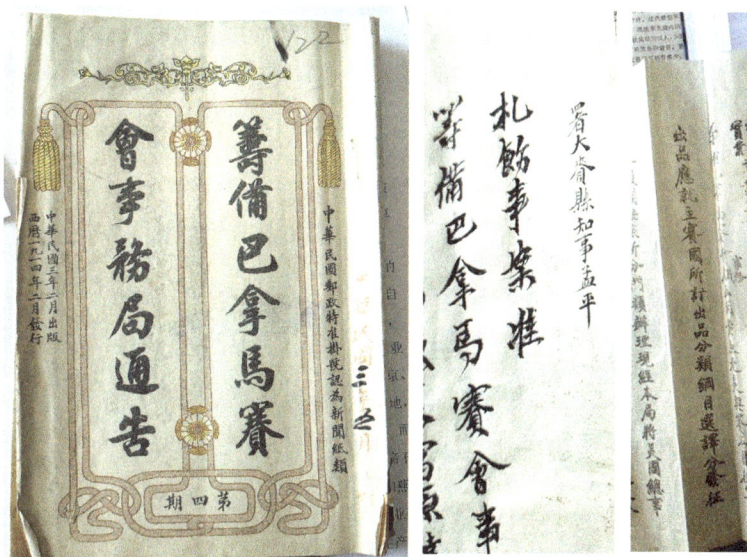

2

▲图一百二十九　大安档案馆和黑龙江省档案馆保存的银票和征调档案

1.大安档案馆保存的富源烧锅发行的银票　2.黑龙江省档案馆保存的大赉县参加首届巴拿马万国博览会征调档案

巴拿马万国博览会的全称是"1915年巴拿马——太平洋国际博览会"，是美国人为庆祝巴拿马运河通航而举行的盛大庆祝活动。大赉县富源烧酒通过筛选后确认正式参加赛会，是其影响大、质量好的证明。在这次国际博览会中参赛，是中国白酒走向世界的开端。

蒸馏酒的酒精的汽化点是78.3摄氏度，将酿酒的原料经过发酵后加温至78.3摄氏度，并保持这个温度，就可获得汽化酒精，汽化酒精遇到冷壁结成液体，便是液体酒精。酿酒原料经过蒸馏提纯，其主要特点是酒精含量高，在40%以上，遇火燃烧成为烧酒，酒味浓烈，因此又被称为烈酒。

目前国际上的烈酒通常被分为七大类：白兰地（Brandy）、威士忌（Whisky）、伏特加（Vodka）、兰姆酒（又称罗姆酒、蓝姆酒或朗姆酒，Rum）和龙舌兰酒（Tequila）、金酒（Gin）、中国白酒（Spirit）。其中荷兰的白兰地是以葡萄为原料的，被称为"燃烧的葡萄"。墨西哥的龙舌兰酒是以龙舌兰叶片为原料。古巴的朗姆酒的主要原料是甘蔗。金酒，又名叫杜松子酒（Geneva）或琴酒，最先由荷兰生产，在英国大量生产后闻名于世，用杜松子果浸于酒中改变酒味。金酒按口味风格又可分为辣味金酒、老汤姆金酒和果味金酒。英国的威士忌，是以麦子等谷物酿造，被称为"生命之水"。俄罗斯的伏特加也是以麦子为原料。

中国白酒是以谷物粮食为原料，称为"粮食的精华"，以用麦子做酒曲、固体发酵工艺蒸馏为特色。中国白酒的自成一体的独特蒸馏工艺使其成为世界八大蒸馏酒之一。

汉唐已经有青铜蒸馏器，主要用于制作花露水和蒸馏饮料，有可能有人偶尔用这种蒸馏器制作少量的蒸馏酒饮料，这一过程成为中国白酒的萌芽。用粮食固体发酵得到的固体状的酒醅、用带算子的铁锅大甑蒸馏的中国白酒在中国北方的辽朝社会开始流行，元代普及全国，成为全国各族饮食文化中的共有的重要组成部分。这种酿酒方法的出现得益于辽代春捺钵野外生活的抗寒需求。中国白酒的发明时间最早，是最早出现的烈酒，而非从外国引入。

后 记

经过十几年的考古工作，笔者基本摸清了春捺钵遗址的特点，春捺钵遗址不同于农业村镇遗址，面积超大，遗物极少，这是其与生俱来的特点，否则就不是春捺钵。辽金春捺钵地点很分散，北起白城的洮儿河、月亮泡，南到农安的菠萝泡，以东侧的大安市嫩江为中心，这里的鱼种类最丰富。辽代安流殿和金代混同江行宫都在大安市区，也证明了此地的中心位置。松花江之东的宁江州是守卫的前哨城，城外开设大榷场的遗迹仍然保留。大本营是长春州，位于远离中心大安一百公里的洮儿河岸边，出于后勤中心安全的考虑，位置在西北，与南翼的黄龙府遥相呼应，共同起到拱卫镇守春捺钵地域安全的作用。

乾安花敖泡的春捺钵遗址，不仅是保存最好、最完整的春捺钵遗址，还有唯一一处祭祀祖先和天神的小庙，具有独特价值。嫩江和松花江，东临女真，北临室韦，可能出于神灵安全和安宁的考虑，把祭祀之庙设在远离江边，同时又是来往捺钵路的主干线路上，在比较隐蔽的花敖泡低洼的营地内，常年设人看守，在其他地点获得头鹅，最后都要走马送到这里供奉神灵。

春捺钵带动本地经济文化的繁荣，游牧的、渔猎的、农耕的民族文化在此交流交融，砟冰烧酒和春水玉是春捺钵留给后世的两个重要的文化遗产。

辽道宗在春捺钵营帐设宴招待北宋使臣王拱辰时曾托其给北宋皇帝一杯酒，可见辽代白酒不仅是春捺钵时的驱寒神品，还是北宋与辽国维系和平交往的重要纽带。

春捺钵营地是辽朝行国的移动"春都"，辽朝皇帝在营地接待各国来使，辽代草原丝绸之路也就延伸到吉林西部的春捺钵之地。此地也是辽代著名的鹰路起点，鹰路向东到达今天俄罗斯境内的远东地区。人们踏雪而来，斫冰烧酒相聚，交换商品，传递友情，此地是辽金东北亚丝绸之路的中心节点。大安白酒参加首届巴拿马万国博览会，查干湖冬捕渔猎文化，都是辽金春捺钵文化的延续。